Python AI 项目实战

[美] Serge Kruk 著

邹伟 杨秀璋 译

北京航空航天大学出版社

图书在版编目(CIP)数据

Python AI 项目实战 / (美) 赛吉尔·克鲁克 (Serge Kruk) 著 ; 邹伟, 杨秀璋译. -- 北京 : 北京航空航天大学出版社, 2021.5

书名原文: Practical Python AI Projects: Mathematical Models of Optimization Problems with Google OR-Tools

ISBN 978-7-5124-3223-9

Ⅰ. ①P… Ⅱ. ①赛… ②邹… ③杨… Ⅲ. ①软件工具—程序设计 Ⅳ. ①TP311.561

中国版本图书馆 CIP 数据核字(2020)第 004379 号

北京市版权局著作权合同登记号 图字:01-2018-6024 号

Python AI 项目实战
[美] Serge Kruk 著
邹 伟 杨秀璋 译
策划编辑 董宜斌 责任编辑 张冀青
*
北京航空航天大学出版社出版发行
北京市海淀区学院路 37 号(邮编 100191) http://www.buaapress.com.cn
发行部电话:(010)82317024 传真:(010)82328026
读者信箱: copyrights@buaacm.com.cn 邮购电话:(010)82316936
三河市华骏印务包装有限公司印装 各地书店经销
*
开本:710×1 000 1/16 印张:15 字数:207 千字
2021 年 6 月第 1 版 2021 年 6 月第 1 次印刷
ISBN 978-7-5124-3223-9 定价:79.00 元

若本书有倒页、脱页、缺页等印装质量问题,请与本社发行部联系调换。联系电话:(010)82317024

译者序

我们有幸见证了世界向信息化社会的转变过程，我们从小就生活在这种变革中。个人计算机的发明打开了人类通向信息世界的大门，接着就是互联网将计算机连接了起来，智能手机将人与人联系了起来。现在，每个人都意识到人工智能的浪潮已经到来。越来越多的智能服务将被发明出来，同时这也将把我们带入一个新的时代。人工智能是引领这股智能浪潮的前沿技术。虽然它最终可能将其“宝座”移交给其他新技术，但是目前它仍是各种人工智能新技术的重要基石。

人工智能现在如此流行，以至于关于它的资料随处可见。然而适用于我们的资料并不多见，而这本书正是大家所需求的。这本书的目的是希望帮助大家在学习这个新知识的过程中不那么痛苦，同时，本书中具体的开发实例讲解，能够帮助开发者避免走一些弯路。

本书介绍了关于实现数学模型优化问题的技术和科学。关于优化，它可以是任何的问题，但又可以归结为一个问题，那就是：什么是最好的？例如：

从家到公司的最佳路线是什么？

什么是最优的汽车生产方式，能够使得利益最大化？

用什么方式将杂货带回家最好：纸袋还是塑料袋？

为我的孩子选择哪个学校最好？

哪种燃料用于火箭的助推器最好？

芯片上晶体管的最佳位置在哪里？

NBA 最优的赛程如何安排？

这些问题相当模糊，但可以通过多种方式进行解释。首先可以考虑一下：“最好的”对于我们而言，是意味着最快、最短、最愉快的骑行，最不崎岖，还是最低的油耗？此外，这个问题还不够完整，我们是步行，还是骑马、开车或是滑雪？我们是独自一人前往，还是伴随着哭闹的婴儿？

为了帮助我们制定优化问题的解决方案，数学家、理论家和实践者根据我们构建的问题建立起了一个框架，我们称之为模型。模型的关键点在于它的目标和它的约束条件。简单地说，目标是我们想要达到的，而约束是我们采用的方法中的阻力。如果我们重新构建问题，用以更加明确地分析目标和约束，我们便可以更加接近真实的模型。

这本书综合了十年间的讨论，以及在奥克兰大学的建模入门课程（MOR242 Intro to Operation Research Models）和研究生课程（APM568 Mathematical Modeling in Industry）的成果。书中的每个模型都使用Google OR – Tools 在 Python 中演示，读者可以按照书中的讲解和代码重新操作执行。实际上，本书中提供的代码是自动提取、执行的，输出可以无需手动干预地插入到文本，甚至图表也是自动生成的。

本书的目的是帮助读者成为一名熟练的建模者。大家可以访问网址 https://github.com/sgkruk/Apress-AI。这个网址提供了书中展示的所有代码以及应用于许多问题和变化的随机生成器。各位可以将其用作个性化的作业生成器，它也可以被用作自学工具。

本书适合各类软硬件工程师、测试人员阅读，也适合用于人工智能培训、大学生创新创业实战训练，以及程序员实力提升。

本书的出版得益于北京航空航天大学出版社的推荐以及相关专家学者的辛勤付出，在此一并表示感谢。

衷心祝愿您能拥抱人工智能时代，具备人工智能场景思维，进而更好地服务他人，为社会创造更多的财富。

译　者

2021 年 3 月

目　　录

第 1 章
概 述

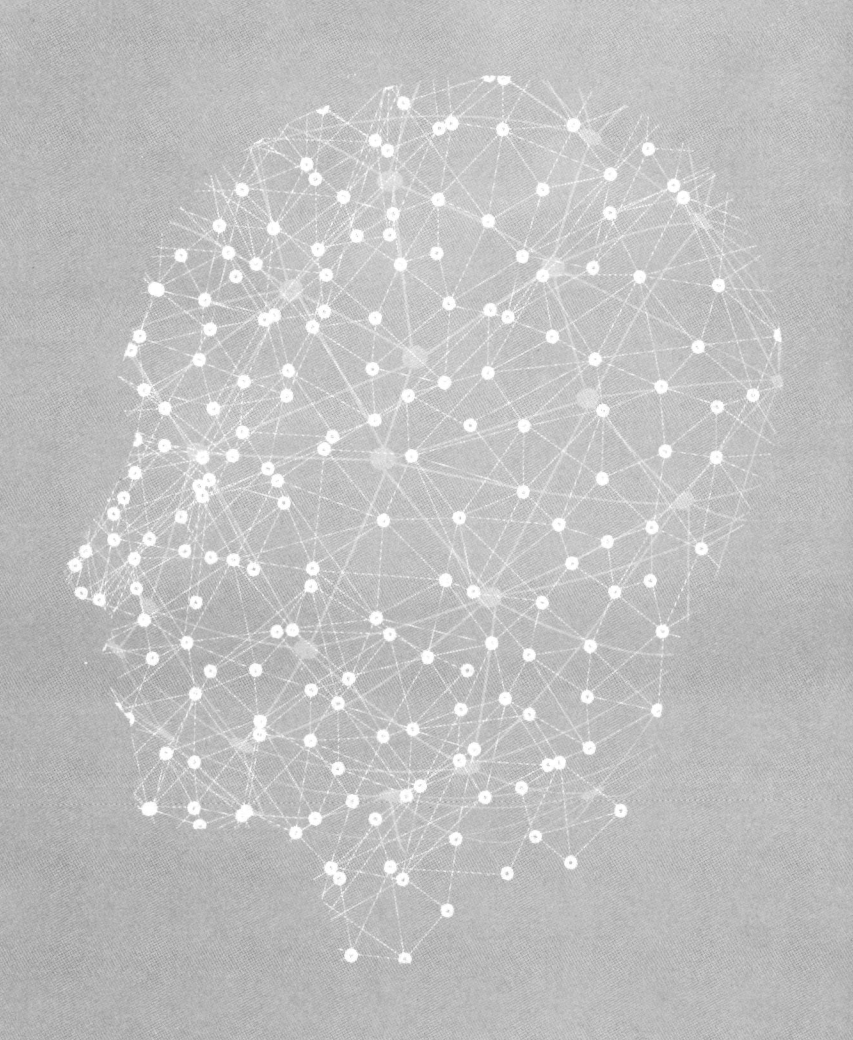

1.1 本书面向哪些问题

人工智能是一个广泛的领域，它涵盖了各种技术、目标和成功的措施。其中一个分支所关注的是为一些明确定义的问题找出可以证明的最佳解决方案。

本书介绍了关于实现数学模型优化问题的技术和科学。

关于优化，它可以是任何的问题，但又可以归结为一个问题，那就是：什么是最好的……？例如：

- 哪条是从家到公司的最佳路线？
- 什么最优汽车生产方式能够使得利益最大化？
- 用什么方式将杂货带回家最好：纸袋还是塑料袋？
- 为我的孩子选择哪个学校最好？
- 哪种燃料用于火箭的助推器最好？
- 芯片上晶体管的最佳位置在哪里？
- NBA最优的赛程如何安排？

这些问题相当模糊，但可以通过多种方式进行解释。首先可以考虑一下："最好的"对于我们而言，是最快、最短、最愉快的骑行，最少的颠簸，还是最低的油耗？此外，这个问题还不够完整，我们是走路，还是骑马、开车或是滑雪？我们是独自一人前往，还是伴着哭闹的婴儿？

为了帮助我们制定优化问题的解决方案，数学家、理论家和实践者根据我们的问题构建了一个框架，我们称之为模型。模型的关键是它的目标函数和约束条件。简而言之，目标是我们希望达到的，而约束是我们采用的方法中的阻力。如果我们重新构建问题，用以更加明确地分析目标和约束，我们便可以更加接近真实的模型。

我们再详细地回顾一下“最佳路线”的问题，但重点关注清晰的目标与约束条件。我们可以将其表述为：

根据这个城市的地图、我的家庭住址以及我两岁儿子日托的地址，为了尽快带他去托儿所，我最好的骑行路线是什么？

目标是找到满足要求的所有解决方案（仅限于街道或自行车道的路线，也称为约束条件），到达目的地所需的最短的时间（目标）。

目标始终都是我们想要最大化或最小化的数量（时间、距离、金钱、表面积等），尽管你会看到我们所希望的最大化某些内容和最小化某些内容。这可能是很容易完成的，不过有时候却是没有目标的。我们说这是一个可行性的问题（即我们正在寻找满足要求的任何解决方案）。从建模者的角度来看，差异是很小的。特别是在大多数的实际情况下，建立可行性模型通常是第一步。在得到解决方案后，人们通常希望优化某些内容并修改模型以计算出目标函数。

1.2 本书的特点

由于本书以介绍为主，我并不期望读者已经精通建模技术。我将会从基础开始，假设读者只理解变量的定义（在数学和编程的意义上）、方程式、不等式和函数。我还假设读者了解了一些编程语言，最好是 Python，即便是了解任何其他命令式程序设计语言，也完全能够读懂本书中展示的 Python 代码。

请注意，本书中的代码是不可忽视的部分。要想完整地学习本书的知识，读者应尽量放慢速度，聚精会神地阅读代码。本书没有高谈阔论，只是用了数学公式，其余细节则“作为留给读者的练习”。欢迎读者使用并且修改代码，通过执行、使用、测试、优化以便能够充分理解。参与本书编写的数学专家们，就像对待任何数学论文一样对本书进行了审阅，而且代码也提交给了包括 Intel、Motorola 和 IBM 进行评价。

这本书综合了十年间的讨论，以及在奥克兰大学的建模入门课程（MOR242 Intro to Operation Research Models）和研究生课程（APM568 Mathematical Modeling in Industry）的成果。从本科阶段开始，到研究生阶段，我一直在构建模型方面进行研究，而没有深入研究过模型理论。

- 每个模型都使用 Google OR-Tools 在 Python 中演示，并可以按照说明执行。实际上，本书中提供的代码是自动提取、执行的，输出无需手动干预即可插入到文本，甚至图表也是自动生成的（这要感谢 Emacs 和 org-mode）。
- 我的目的是帮助读者成为一名熟练的建模者，而不是理论家。因此，本书很少涉及与优化相关的繁杂数学理论。尽管如此，它仍然有利于创造简单而有效的模型。
- 相关的网站提供了书中展示的所有代码以及应用于许多问题和变量的随机生成器，作者将其用作个性化的作业生成器，其实它也可以作为自学工具使用。

  https://github.com/sgkruk/Apress-AI

1.2.1 运行模型

安装说明描述得太详细风险较大，因为软件更新远比书中介绍更频繁。

例如，我开始使用 Google 的 OR-Tools 时，它曾托管在 Google Code 知识库中，而后来它在 GitHub 上。不过，这里有几点建议供参考。本书提供的所有代码均已经过测试，使用的是

- Python 3（时下版本是 3.7），尽管这些模型也可以在 Python 2 上运行；
- OR-Tools 6.6。

网页 https://developers.google.com/optimization 上提供了大多数操作系统的安装说明。最快、最简洁的方式是

```
pip install --upgrade ortools
```

如果安装了 OR-Tools，本书中的软件可以轻易通过克隆 GitHub 库下载。

```
git clone https://github.com/sgkruk/Apress-AI.git
```

其中，读者会发现一个生成文件（Makefile），几乎详细测试了所有本书中提到的模型。读者只需发出一个 make 指令即可测试安装是否完成。

本书中的代码分为两个部分：一部分是用文本展示模型本身；另一部分是说明模型中如何调用数据的驱动程序。例如，在集合覆盖问题的章节中有一个名为 set_cover.py 的文件；另外还有一个名为 test_set_cover.py 的文件，该文件可以创建一个随机实例、运行模型并显示结果。有了这些例子，读者能够根据自己的需要进行修改。重要的是，要了解在执行 test_set_cover.py 文件时的主线流程。

1.2.2 关于符号的解释

在整本书中我都使用了数学模型进行描述。这些模型可以通过多种方式进行表示，我选择了其中两种。我使用了常见的数学符号 TEX 建立每个

模型的结构,然后,在可执行的 Python 代码中将模型详细地表达完整。读者很容易看出两者之间是等价的。表 1-1 说明了它们之间对应的关系。

表 1-1 数学表达式和 Python 模型之间的比较

对 象	数学形式	Python 形式
标量变量	X	X
矢量	V_i	v[i]
阵列	M_{ij}	M[i][j]
不等式	$x+y\leqslant 10$	x+y <=10
求和	$\sum_{i=0}^{9} x_i$	sum(x[i] for i in range(10))
集合	$\{i^2 \mid i\in[0,1,\cdots,9]\}$	[i**2 for i in range(10)]

1.3 实践中去学习:两栖动物共存

就像在高中最初遇到的一样:最简单的问题是可怕的“词”的问题。实际上都可以归结为代数的问题,也就是说,它们可以用一些简单的线性代数作为工具指定解决问题的办法。下面我们通过这样一个问题来说明建模的定义和一些基本概念。

生物学家将动物园里的三种两栖动物(一只蟾蜍、一只蝾螈和一只蚓螈)放在一个水池里,它们将以三种不同的小猎物为食:蠕虫、蟋蟀和苍蝇。每天将有 1 500 只蠕虫、3 000 只蟋蟀和 5 000 只苍蝇放入水池。每只两栖动物每天消耗一定数量的猎物。表 1-2 列出了相关数据。

表 1-2　每种两栖动物消耗的猎物数量

食　物	蟾　蜍	蝾　螈	蚓　螈	可　用
蠕虫	2	1	1	1 500
蟋蟀	1	3	2	3 000
苍蝇	1	2	3	5 000

生物学家想知道,假定食物是唯一的约束条件,水池中能够共存几种数量能够达到 1 000 的生物。

我们如何模拟这个问题？本书中的所有优化和可行性问题都使用三步法进行建模。虽然遇到更加复杂的问题时我们会扩展,但基本的三个步骤仍然是建立模型的基础。

1. 确定要回答的问题

这类建模应该采用一个精确的描述形式,包括计数和评估一个或多个对象。在这种情况下,有多少两栖动物可以在水池中共存？注意“有多少两栖动物”还不够精确,因为我们对总体数量不感兴趣,而是对每个物种的数量感兴趣。明确提出一个问题通常是最难的部分。

一旦有了这个精确的问题,我们就为每个要计算的对象分配一个变量,比如使用 x_0、x_1 和 x_2。这些变量在传统上被称为决策变量。在我们的第一个例子中,模型可能不够恰当,但基本可以反映 Logistics 问题的优化和由来,其中决策变量确实代表了在设计人员控制下的数值,并映射到规划决策。

2. 确定所有要求并将其转化为约束条件

正如你将在本书中看到的那样,约束条件可以采用多种形式。在这个简单问题中,它们是代数中线性的不等式问题。在将每个需求转化为约束条件之前,最好精确地记录每个需求。对于本案例中共存的需求,简单来说,就是:

- 所有两栖动物共消耗了 1 500 只蠕虫；
- 所有两栖动物共消耗了 3 000 只蟋蟀；
- 所有两栖动物共消耗了 5 000 只苍蝇。

请注意，以“……的数量”开始描述可能不够精确。在本例子中，我们没有设定单位，例如消耗量可以用克表示，也可以用千克表示。这类事件经常发生，并且是许多模型出错的原因。

有时，即使是看似精确的描述，但仍可能存在某些含糊不清的方面。这些都是优秀建模者的主要工作之一，他们可以做到突出模糊性并将问题解释清楚。在这里，是假设两栖动物将完全能够消耗上述食物的数量，还是说它们“至多”可以消耗那些食物的数量？我们假设“至多”是需求的正确表达形式，因为它更有趣，并且在某种意义上包含“相等”的问题。然后，根据决策变量将这些需求转换为关于代数的约束条件。

首先考虑蠕虫。蟾蜍每天吃 2 只，蝾螈和蚓螈每天吃 1 只。我们用 x_0 代表蟾蜍，x_1 代表蝾螈，x_2 代表蚓螈，所消耗的蠕虫总数将受到以下不等式的限制：

$$2x_0 + x_1 + x_2 \leqslant 1\,500 \tag{1.1}$$

如果我们将“等于”认定为是适当的约束，我们就会用相等来代替不等。

然后再考虑蟋蟀。蟾蜍每天吃 1 只，蝾螈每天吃 3 只，蚓螈每天吃 2 只。它们的共同消耗，即约束条件为

$$x_0 + 3x_1 + 2x_2 \leqslant 3\,000 \tag{1.2}$$

考虑苍蝇时，约束条件与以上类似，可写为

$$x_0 + 2x_1 + 3x_2 \leqslant 5\,000 \tag{1.3}$$

3. 确定要优化的目标

在关于优化的问题中，目标是我们想要求得的最大值(或最小值)。在可行性问题中，虽然没有目标，不过在实践中大多数可行性问题是可以归于一种未完全制定的优化问题的。由于本例的问题是在水池中每种两栖动物

可以共存多少只，所以我们想要得到是最大数量的两栖动物的最大可能性。

由于问题被归为"每种两栖动物可以共存多少"，故认为我们想要得到的两栖动物存在可能的最大值(最小值为零，这是一个很简单的解决方案)。就决策变量而言，我们希望得到最大的总和，即

$$\max(x_0 + x_1 + x_2) \tag{1.4}$$

这就是我们得到的一个模型！这不是一个特定的模型，而是一类模型：一个简单、清晰、精确的代数模型，它会有一个解可以回答我们最初的问题。

我们不是对实际应用毫无兴趣的理论家，所以下一步，我们要讨论如何解决模型中的问题。正如本书中每个模型一般，我们需要将上面的数学表达式(1.1)～(1.4)转换为在许多解释器中可用的一种解决形式。

多年来，优化器开发了许多专业的解释器，以下是被广泛应用的建模语言和解释器。

建模语言：

- AMPL(www.ampl.com)
- GAMS(www.gams.com)
- GMPL(http://en.wikibooks.org/wiki/GLPK/GMPL(MathProg))
- Minizinc(www.minizinc.org/)
- OPL(www-01.ibm.com/software/info/ilog/)
- ZIMPL(http://zimpl.zib.de/)

解释器：

- CBC(www.coin-or.org/)
- CLP(www.coin-or.org/Clp/)
- CPLEX(www-01.ibm.com/software/info/ilog/)
- ECLiPSe(http://eclipseclp.org/)
- Gecode(www.gecode.org/)

- GLOP（https://developers.google.com/ optimization/lp/glop）
- GLPK（www.gnu.org/software/glpk/）
- Gurobi（www.gurobi.com/）
- SCIP（http://scip.zib.de/）

我们应该将建模语言的标准结构与在某些特定标准下的语法结构和软件包之间区别对待，尽管在个别情况下这种区别是很模糊的。

作为建模者，我们创建一个模型(在语言 X 中)，然后将其提供给解释器(解释器 Y)。这是可以实现的，因为解释器 Y 知道如何解析语言 X，或者说解释器可以理解使用语言 Z 作为语言 X 的翻译。多年来，这一直是引起很多麻烦的原因(什么？你的意思是我必须重写我的模型以使用你的解释器?)。

更糟糕的是，这些语言和解释器并不匹配。在专业领域，它们都有自己的优势和劣势。根据多年使用上述语言编写模型的经验，我总结出可以避开专门语言，而改用通用语言，例如 Python 与多个解释器连接的库。在本书中，我将使用 Google 的运算研究工具(OR-Tools)，这是一个结构良好且易于使用的库。

OR-Tools 库是全面的。它提供了用来访问多个线性和整数解释器(MPSolver)的最佳接口。它还具有为了应对网络流问题的专用代码以及非常有效的约束编程库。本书展示的仅仅是这个强大工具中的一小部分。

使用像 Python 这样通用语言的众多优点之一是，我们可以进行建模以及将模型插入到更大的应用程序中，可能是 Web 或手机的应用程序中。我们还可以以清晰的格式轻易地呈现解决方案。在处理问题的过程中，我们可以使用这套完善的语言的所有功能。确实，专业建模语言其模型的表达过程可能会更简洁，但是，根据我的经验，它们都在某一方面遇到了阻碍，迫使建模者写出一块连接组件，将模型连接到其他的应用程序上。而且，在 Python 中编写 OR-Tools 模型可能会非常简便。整个两栖动物共存的模型如程序清单 1 - 1 所示。

程序清单 1 - 1　两栖动物共存的模型

```
1   from ortools.linear_solver import pywraplp
2   def solve_coexistence():
3   t = 'Amphibian coexistence'
4   s = pywraplp.Solver(t,pywraplp.Solver.GLOP_LINEAR_
        PROGRAMMING)
5   x = [s.NumVar(0, 1000,'x[%i]' % i) for i in range(3)]
6   pop = s.NumVar(0,3000,'pop')
7   s.Add(2 * x[0] + x[1] + x[2] <= 1500)
8   s.Add(x[0] + 3 * x[1] + 2 * x[2] <= 3000)
9   s.Add(x[0] + 2 * x[1] + 3 * x[2] <= 4000)
10  s.Add(pop == x[0] + x[1] + x[2])
11  s.Maximize(pop)
12  s.Solve()
13  return pop.SolutionValue(),[e.SolutionValue() for e in x]
```

让我们解析代码。第 1 行是导入 OR-Tools 线性规划子集的 Python 包。我们编写的每个模型都将以此开始。第 4 行命名并创建了一个 Google 自己定义的 GLOP 线性规划解释器(以下简称 s)。OR-Tools 库具有许多解释器的接口。如果想切换到不同的解释器,比如 GNU9 的 GLPK 或 Coin-or10CLP,只需简单地修改这一行即可。

在第 5 行,我们创建了一个三变量的一维数组 x,它可以取 0～1 000 之间的值。下限是自然约束,因为动物的数量不能为负数。上限来自问题给出的一部分,因为生物学家不可能在试管中放置超过 1 000 只的动物物种。虽然可以将范围表示为$(-\infty,+\infty)$的任何连续子集,但是,作为一般经验法则,在声明变量时尽可能地限制范围往往有助于解释器有效运行。调用 NumVar 的第三个参数作为在显示此变量时打印的名称,例如在调试模型时。此功能很少使用,因为我们更喜欢编写无 bug 模型。

第 7 行到第 9 行的约束条件是数学表达式(1.1)～式(1.3)的直接转换。这些条件的顺序无关紧要。相比于其他一些限制性建模语言,我们可以将第 7 行写成：

```
1500 >= x[0] + x[2] + x[]
```

或

```
x[0] + x[1] + x[2] - 1500 <= 0
```

或任何其他形式的等效代数表达式。

在第 6 行，我们声明了一个辅助变量 pop。虽然这在建模语言中没有区别，但这不是决策变量，而是建模问题的有用组件。我们在第 10 行使用这个辅助变量，在这里添加一个没有任何约束条件的方程。它只是将辅助变量 pop 定义为各个决策变量的总和。这使我们可以轻松地表达出目标，并可能有助于显示解决方案。

目标函数在第 11 行，是根据公式(1.4)写出的表达式。所选择的函数必然会是 s. Maximize 与 s. Minimize 之一，而对于参数，则是通过之前声明的变量在约束条件下的线性表达式。

如果我们用

```
s.Maximize(pop)
```

可以写成

```
s.Maximize(x[0] + x[1] + x[2])
```

然后我们调用第 12 行的解释器来完成它的工作。这是所有计算工作都要做的，我在此不做过多描述。感兴趣的读者可以搜索“单纯形法”(simplex method)和“内点法(interior-point method)”，以了解线性优化模型求解方法背后的迷人理论。要理解单纯形法，高中代数知识足够了。要理解内点法，则需要更多的数学基础。

某些模型，解释器可以在几分之一秒内完成工作；其他方式，可能需要数小时。并非所有解释器都具有相同的运行能力，比如模型 A 在解释器 X 上的运行速度可能比模型 B 快,而在解释器 Y 上可能截然相反。使用 OR-Tools 库的另一个优点是,我们通过更改其中一行便可以使用另一个解释器。

如果此代码用于生产并且问题非常重要,我们应该检查返回值以确保解释器找到最优解。它可能会因模型错误而中止,或者由于时间、内存耗尽或其他原因而中止。但是对第一个例子,我们只简单阐述,而非工程实践。

我们在第 13 行返回变量 pop 中保存了目标函数值和决策变量的最优值(并非所有这些变量都带有关联的对象属性)。

在更复杂的模型上,我们可以对决策变量进行后处理,以便返回更简单、更有意义的内容。当我们解决本书 4.4 节中的最快捷径问题时,您将看到一个很好的例子。我建议的一般方法是创建可以在并不了解 OR-Tools 内部的情况下使用的模型。建模者负责创建模型,但是一旦模型被创建和验证,它应该从将其创建者手中传递给最初提出问题的专家。

当用心的读者执行程序清单 1-2 时,将观察到类似于表 1-3 所列的结果。

表 1-3 共存问题的解

物 种	数 量
蟾蜍	100.0
蝾螈	300.0
蚓螈	1 000.0
总计	1 400.0

程序清单 1-2 如何执行共存模型

```
1  from __future__ import print_function
2  from coexistence import solve_coexistence
3  pop,x = solve_coexistence()
4  T = [['Specie', 'Count']]
5  for i in range(3):
6  T.append([['Toads','Salamanders','Caecilians'][i], x[i]])
7  T.append(['Total', pop])
8  for e in T:
```

```
9    print (e[0],e[1])
```

在这里需要注意,可以查看表1-3的解,并确保它确实满足约束条件。然后将得到的值代入式(1.1)～式(1.3),我们得到

2(100.0)+300.0+1 000.0=1 500≤1 500
100.0+3(300.0)+2(1 000.0)=3 000≤3 000
100.0+2(300.0)+3(1 000.0)=3 700<5 000

总之,构建和运行模型的步骤(如图1-1所示)如下:

- 准确地提出问题。
- 通过问题所需的内容来定义决策变量。
- 尽可能地定义辅助变量以简化声明约束条件或目标函数,帮助分析和呈现解决方案。
- 将每个约束条件转换为直接涉及的决策变量,或者间接地通过辅助变量转换为代数等式或不等式。
- 目标函数应被构造为求最大值或最小值的函数。
- 使用合适的解释器运行模型。
- 以适当的方式给出解决方案。
- 验证结果。解决方案是否正确满足约束条件?解决方案是否有意义且可实施?如果这些都满足,那么这个模型您已经完成;如果没有满足,则还须考虑对模型进行必要的修改。

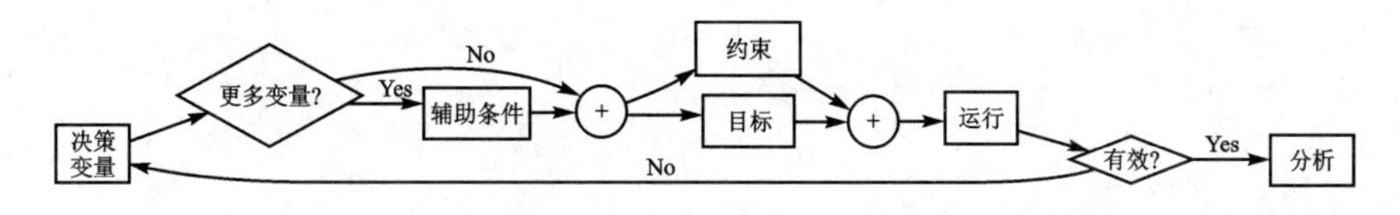

图1-1 构建和运行模型的步骤

本书的其余部分将构建更加复杂的模型,并将上述关键点加以说明并扩展。

第 2 章

线性连续模型

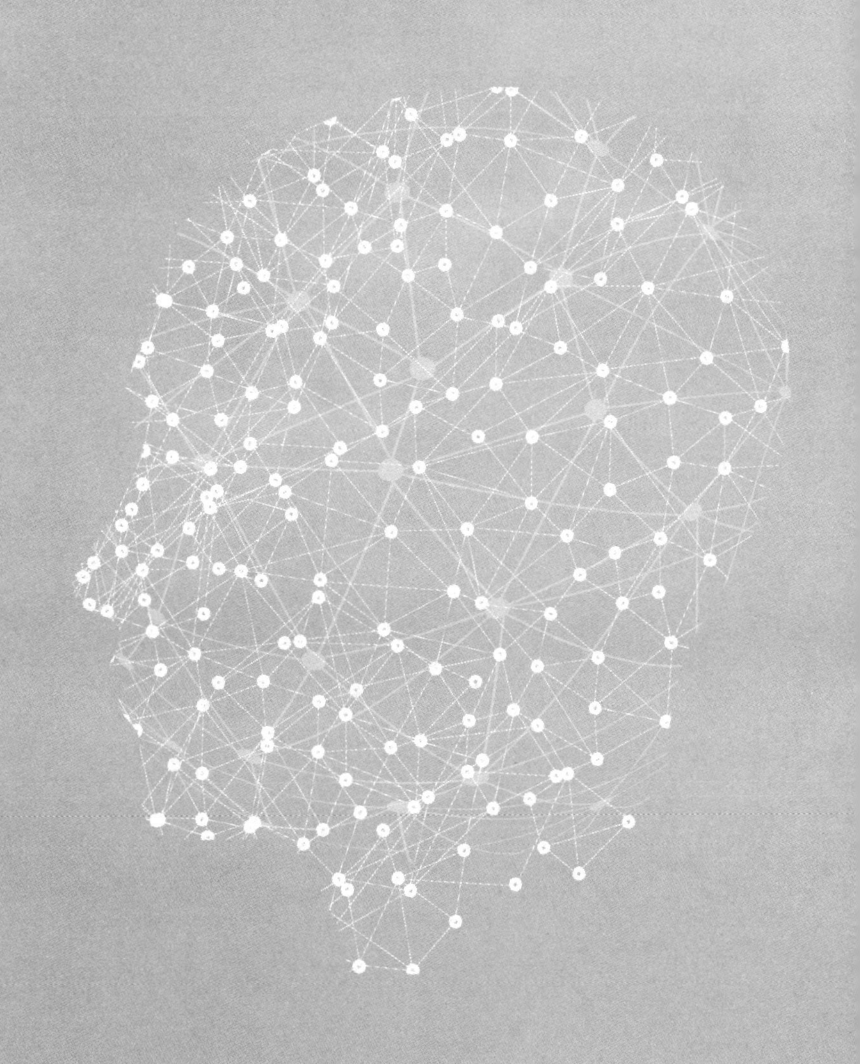

第2章　线性连续模型

在20世纪50年代优化之初，最先进的定义是线性优化模型和单纯形法，这是当时已知的求解此类模型的唯一合理有效的算法。当开始研究这个主题时，一次又一次地从多处听到，世界上超过70%的CPU周期都用于运行各种简单的代码。这当然是夸张的，但它表明了线性模型的威力。世界不是线性的，但有时线性近似是足够好的。

更准确地说，这里讨论的是线性连续模型（虽然用法是将这些模型称为线性规划的LP，意味着连续性的性质）。线性连续模型是最简单的记录和最简单的求解方法。自乔治·丹齐格（George Dantzig）用单纯形方法解决这些问题以来，它们一直是优化器的主力。它们的特点是三个要素：

- 所有变量都是连续的；
- 所有约束都是线性的；
- 目标函数是线性的。

确切地说，决策变量（例如$x_0, x_1, \cdots, x_n$）可以取积分值和分数值。当解决方案为测量总和（例如几磅面粉或几吨混凝土）时，这是合适的。当解决方案是对对象（如人或政治家）进行计数时，除非只是在寻找一个近似，否则不合适。

目标函数（或可以是）通过常量数组c参数化，并表示如下：

$$c_1 x_1 + c_2 x_2 + ... + c_n x_n$$

这一限制排除了

$$x_1^2, x_4^3, \sin x, e^{x_3}, x_1 \cdot x_2, |x|$$

形式关系的目标函数。

在无穷多的其他问题中，稍后您将看到如何通过模型转换来处理其中的一些非线性问题。

最后，用阵列a_{ij}、数组b对约束条件进行参数化，并将其表示为一组关系（其中$i \in \{1,2,\cdots,m\}$）：

$$a_{i1} x_{i1} + a_{i2} x_{i2} + \cdots + a_{in} x_{in} \geqslant b_i$$

或者

$$a_{i1}x_{i1}+a_{i2}x_{i2}+\cdots+a_{in}x_{in}\leqslant b_i$$

或者

$$a_{i1}x_{i1}+a_{i2}x_{i2}+\cdots+a_{in}x_{in}=b_i$$

或表示为某种等价的代数形式。

在本章中,我们考虑了自然公式是这样一个线性连续模型的问题。

2.1 掺杂(Mixing)

线性规划的典型例子是饮食问题,是最早在 30 年代和 40 年代(20 世纪而不是 21 世纪)研究的优化问题之一。这一问题可能来自美军希望最小化食品成本的同时满足野战食品的营养需求。研究这个问题的早期研究人员之一是乔治·斯蒂格勒(George Stigler)。他用启发式的方法对线性规划的最优解做了合理的猜测。1947 年秋,美国国家标准局(NBS,现在的 NIST)数学表项目的 Jack Laderman 用新的单纯形法求解 Stigler 模型。线性模型由 77 个未知数中的 9 个方程组成,这是一个很大的时间问题。在这本书中,一些模型使用了更大的数量级,并且在 1947 年 NBS 在解决饮食问题所花费的一小部分时间内得到解决。效率的提高部分是由于硬件,但更多是由于软件。

这个问题的一个通用版本如下:

给出一份含有一定营养成分的食物清单,每一种食物都有一定的成本,找出能将成本降到最低的食物组合,同时也能提供所有必要的营养。

下面是这个问题的一个简单版本。假设食品有 F0、F1、F2、F3 等(想象它们是比萨饼、拉面、纸杯蛋糕、薯片等,如果您有更多的健康意识,它们也可是豆腐、青豆、藜麦、甜菜等),其营养物质表示为 N0、N1、N2、N3 等(想象它们是卡路里、蛋白质、钙、维生素 A 等),每种食物都有一个成本。另外,为了避免一周吃一顿饭，将限制每周吃一份食物的数量。

表 2-1 给出了一个随机生成的示例[①]。每一行代表一种食物，包括每一种食物的营养含量、食物的可接受范围和食物的成本。最后一行和最后一列暂且忽略，在构建和求解模型之后，我们将返回给它们。倒数第二行代表每种营养成分的允许范围。

表 2-1　饮食问题的数据实例及其解

	N0	N1	N2	N3	最小值	最大值	成本	解
F0	606	563	665	23	7	17	9.06	17.0
F1	68	821	83	72	6	27	8.42	7.47
F2	28	70	916	56	1	36	9.47	6.11
F3	121	429	143	38	14	26	6.97	14.0
F4	60	179	818	46	9	35	4.77	35.0
最小值	5 764	28 406	48 157	1 642				
最大值	15 446	76 946	82 057	6 280				
解	14 775	28 406	48 157	3 413			539.37	

2.1.1　构建模型

除了每种食物的份量清单外，还有其他什么解决办法呢？因此决定变量必须是每种食物一个，代表食物的数量。我们将这些变量依次命名为 f_0，f_1，…，f_n，假设有分数的答案是可以接受的(例如 1/2 是可以接受的)。

此时的目的是最小化成本。每种食物都有一个成本(c_0，c_1，…，c_n)，它们不是变量，而是数据。因此，我们希望最大限度地减少所有成本的总和，即 $c_i \times f_i$。这导致了目标函数变为如下形式：

① 为了鼓励读者进行实验，本书中的每一个模型都可以在其他材料(https://github.com/sgkruk/Apress-AI)中找到，并附带一个随机实例生成器。

$$\min \sum_i c_i \cdot f_i$$

下面让我们应对约束因素。我们有两类数据：一类表示每种食物可接受的分量范围(假设食物 i 的最小值表示为 l_i，最大值表示为 u_i)，另一类表示所需的营养范围(营养 j 的最小值表示为 a_j，最大值表示为 b_j)。与食物有关的约束比较简单。因为决策变量表示每种食物的分量，所以我们只需要将每份食物的量进行包装，如下所示：

$$l_i \leqslant f_i \leqslant u_i \tag{2.1}$$

对营养的限制会更多一些。以营养 j 为例，它在饮食中包括多少呢？如表 2-1 所列，每种食物都可能有一些，我们称其为 N_{ji}(对应于 F0～F4 行和 N0～N3 列的条目)。因此，为了获得这些营养物质的总量，需要对所有食物、食物的成本和营养含量进行汇总。对每种营养 j，它应满足：

$$a_j \leqslant \sum_i N_{ji} f_i \leqslant b_j$$

理论到此为止。下面将其转换为一个足够通用的可执行模型，以解决这种类型的所有问题，如程序清单 2-1 所示。假设数据是在一个名为 N 的二维数组中给出的，它具有表 2-1 的结构，没有最后的列和行。每一行代表一种食物，最后两行代表每种营养物质的最低和最高需求，由列表示。最后三行代表每种食物的最低值、最高值和成本。

程序清单 2-1　最小成本膳食模型(diet problem. py)

```
1   def solve_diet(N):
2       s = newSolver('Diet')
3       nbF,nbN = len(N) - 2,len(N[0]) - 3
4       FMin,FMax,FCost,NMin,NMax = nbN,nbN + 1,nbN + 2,nbF,nbF + 1
5       f = [s.NumVar(N[i][FMin],N[i][FMax],'') for i in range(nbF)]
6       for j in range(nbN):
7           s.Add(N[NMin][j] <= s.Sum([f[i] * N[i][j] for i in range(nbF)]))
8           s.Add(s.Sum([f[i] * N[i][j] for i in range(nbF)]) <= N[NMax][j])
9           s.Minimize(s.Sum([f[i] * N[i][FCost] for i in range(nbF)]))
10  rc = s.Solve()
```

```
11  return rc,ObjVal(s),SolVal(f)
```

该模型使用 newSolver 函数简化代码的表达式[①]，见程序清单 2-2。这些和其他的简化代码可以在 my_or_tools.py 文件中找到。

程序清单 2-2　实用函数创建适当的解算程序实例

```
1  from ortools.linear_solver import pywraplp
2  def newSolver(name,integer = False):
3      return pywraplp.Solver(name,\
4          pywraplp.Solver.
5              CBC_MIXED_INTEGER_PROGRAMMING \
6          if integer else \
7          pywraplp.Solver.GLOP_LINEAR_PROGRAMMING)
```

为了帮助模型的表达，程序清单 2-1 第 3、4 行将要使用的行和列索引定义了有意义的名称。在第 5 行我们定义了决策变量，每种食物、每个变量的取值范围为$[l_i, u_i]$，如式(2.1)中的值。给出$[0,\infty)$的范围，然后添加约束以强制执行边界是正确的。解释器仍然会找到相同的解决方案，但尽可能限制决策变量的范围是更简单和更好的做法。在复杂的模型中，它常常会显著提高求解效率。

从第 6 行开始的循环确定了每种营养成分的范围，见本小节前述内容。第 9 行和下面创建目标函数将解决问题，并返回三个数，分别是解释器的状态(它应该为零)、最优值和最优解。SolVal 和 ObjVal 函数的双重作用(如程序清单 2-3 所示)是简化返回给调用者的结果和要读取的代码。

程序清单 2-3　从 OR-Tools 对象中提取值的实用函数

```
1  def SolVal(x):
2      if type(x) is not list:
3          return 0 if x is None \
4              else x if isinstance(x,(int,float)) \
```

① 主要是为了使代码适合页面，也是为了隐藏 OR-Tools 库的一些详细内容。作者选择了正确、有意义但相当长的名字作为它们的功能。

```
5                    else x.SolutionValue() if x.Integer() is False \
6                        else int(x.SolutionValue())
7       elif type(x) is list:
8           return [SolVal(e) for e in x]
9   def ObjVal(x):
10      return x.Objective().Value()
```

执行此模型的结果显示在表 2-1 的最后一行和最后一列中。列表示每种食物的份数，行表示饮食中的每种营养物的数量。读者应该注意到，许多食物项目和营养数量都在它们的最低要求值。这是对一个模型的期望，因为我们试图最小化一个线性成本函数，最优解应该尽可能地向约束的边界靠近。

读者可以试验这种模型。它包含在额外的材料中，如 diet problem. py 代码，它是一个随机饮食问题的生成器和一个例程，以类似表 2-1 的格式显示其解。

2.1.2 变化量

这个问题可以有许多简单的变化。

- 与其将成本降到最低，不如让利润最大化。我们也不能让食物或营养物中含有最小值或最大值。
- 可以将它变得更加复杂。有趣的是，有时我们另有形式的要求："如果选用食物 2，那么在饮食中必须至少含有食物 3"，或者"营养 3 的含量必须至少是营养 4 的两倍"。让我们考虑得更详细一些。首先，"如果选用食物 2，那么食物 3 也必须至少包括在每份食物中"。以下不等式用于保证所需的结果：

$$f_3 \geqslant f_2$$

注意，当不包括食物 2 时仍然可以包括食物 3，这并不违反要求。如果包括食物 2，那么我们至少有同样多的食物 3。应该清楚的是，这一要求可以反过来表述为“没有比食物 3 更多的食物 2”，约束条件是相同的。

- 营养成分的一项要求是“营养 3 的含量至少应为营养 4 的两倍”，风味相似，但请注意，任何给定的营养量都分散在所有食物中，引入辅助变量 n_j 来统计营养可能是有成效的。然后我们在模型中添加一个等量的营养。

$$n_j \leqslant \sum_i N_{ij} f_i$$

注意，这些方程并不约束问题；它们的插入只是实现需求的一个有用的工具。根据新的要求，现在可以很容易地将营养成分联系起来：

$$n_3 \geqslant 2n_4$$

如果我们没有定义变量 n_i，则该方程满足：

$$\sum_i N_{i3} f_i \geqslant 2\sum_i N_{i4} f_i$$

定义辅助变量 n_j 似乎更清楚。此外，最后显示每种营养物的总量有助于分析或提出解决方案。

- 读者还可能会遇到类似的要求，即“如果使用食物(营养)3，则不能使用食物(营养)4，反之亦然”。这看起来像是上述的一个简单变化，但实际并不简单。事实上，它迫使建模者使用不同的建模技术。您将在后面的章节中看到如何满足这样的要求(例如，请参阅第 7 章的 7.2 节)。正确建立此类需求模型有两种有效的方法：整数规划和约束编程。我们鼓励读者花一些时间对这些约束进行建模，把直觉发展成困难。关键这也是为什么这是一个完全不同的类群，其原因是这种变化并不是唯一的数量变化(或数量的两倍)，而是额外的定性变化：我们在有元素和没有元素之间过渡。

2.1.3 组合问题

饮食结构问题通常被称为产品组合问题。它们以不同的方式呈现，但如果将它们对应至抽象的表 2-2 中，那么它们都可以按照本节中描述的方式处理。当然，这可能缺少了一些项，比如成本、价格，或最大的需求等，这只是让模式更简化。

表 2-2 产品组合问题的抽象结构

		产品			可用性		成本
		C_1	…	C_n	最小	最大	
产品	P_1	99	…	99	99	99	99
	…	…	…	…	…	…	…
	P_m	99	…	99	99	99	99
需求	最小	99	…	99	99	99	99
	最大	99	…	99	99	99	99
价格		99	…	99	99	99	99

决策变量表示所需产品的数量；约束条件表示原料的可利用性，或等效地表示加工单元的容量以及需求界限。目标通常是使利润最大化，成本最小化，简单地说，就是生产数量。

下面几个实例可以帮助读者识别底层的结构，鼓励读者通过挖掘数字将问题列成表 2-2 的格式。

① 一家工厂正在生产各种类型的水泥。每一种类型都由相同的元素组成，但数量不同，每一种元素都供应有限，且都有一定的成本。每个最终产品都有关联的利润。为了使利润最大化，最好的产品组合是什么？

② 佛罗里达州的一家水果公司为不同的市场生产橙味饮料、果汁和浓缩汁。所有产品的原料数量不一，橙子、糖、水，以及时间各不相同，同时，这些产品的生产也是相互影响的（比如生产橙汁需要水，生产浓缩汁可以产生

水）。在一定的条件下，公司生产多少不同的产品才能实现利润最大化呢？

③ 玩具制造商生产许多不同的玩具。每种玩具都由一些基本的材料组成，此外，还需要特殊加工（装配、油漆、装箱）。这个过程是在专门的机器上完成的，而且持续时间很长。由于制造商的材料和机器供应有限，每天只能操作一定时间，那么可以生产多少玩具呢？

④ 一家名为 BR & Co. 的公司有两种产品：一种是高磷酸盐混合物，另一种是低磷酸盐混合物。它们是由不同数量、不同原料混合而成的。公司每天最多可以从自己的子公司采购一定数量的每种原料，并以固定的内部成本购买。这一成本包括劳力、电力、折旧、交货、营销费用等。此外，混合工艺对每吨产品会产生一定的成本。这两种产品都以固定价格出售给批发商福克斯公司（Fox Inc.）。此外，批发商同意购买 BR & Co. 生产的所有产品，每种化肥应该生产多少呢？

⑤ Queequeg 出售半公斤袋装的咖啡，分为三种：家庭咖啡、特色咖啡和食用咖啡，每种售价不同。每种混合咖啡都是由哥伦比亚、古巴和肯尼亚的咖啡豆按不同比例配制而成的。Queequeg 分别有一些哥伦比亚、古巴和肯尼亚的咖啡豆。为了最大限度地增加收益，每种混合咖啡产品中应该有多少咖啡豆呢？

2.2　混合(Blending)

第二种类型的问题认为线性模型是混合问题。经典的例子就是通过混合所谓的原油汽油，以得到各种精炼产品及其指定的辛烷值。例如，假设有原始汽油 R0，R1，…，RN，每个变量都具有一定的辛烷值、桶中的最大容量以及以“美元/桶”为单位的成本，如表 2-3 所列。

表 2-3　原料汽油混合问题案例

汽　油	辛烷值	有效值	成　本
R0	99	782	55.34
R1	94	894	54.12
R2	84	631	53.68
R3	92	648	57.03
R4	87	956	54.81
R5	97	647	56.25
R6	81	689	57.55
R7	96	609	58.21

接着还需要多种类型的精炼汽油(像铜、银和金一样),都有自己的辛烷值。这个需求以最小桶数和最大桶数表示,其销售价格见表 2-4。

表 2-4　精炼汽油混合问题实例

汽　油	辛烷值	最小需求	最大需求	价　格
F0	88	415	11 707	61.97
F1	94	199	7 761	62.04
F2	90	479	12 596	61.99

通过将适当的原料汽油混合在一起来创建三种类型,假设混合物的辛烷值是混合体积的线性函数。这是一个重要的假设。如果我们将辛烷值 80 和 90 各按一半混合起来,得到的辛烷值将是 85,其原因如下:

$$\frac{1}{2}\times 80+\frac{1}{2}\times 90=40+45=85$$

如果将辛烷值 80 和 90 分别按 40%和 60%的比例混合,将得到如下公式:

$$\frac{40}{100}\times 80+\frac{60}{100}\times 90=32+54=86$$

该假设是混合模型的关键。注意,可能有很多种方法混合原料汽油从而获得所需的评级。当前任务是建立一个模型,该模型会告知如何混合原料以满足需求最大化利润的要求(可以理解为成品总售价与原材料汽油总成本之差)。

2.2.1 构建模型

这个问题的回答是什么呢?当我们多问几次这个问题时,它的精确度就会不断提高。第一个问题是“每种类型的精炼气体要生产多少?”这是一个正确但不完整的问题,因为需要知道每种精炼气体的成分,每种原油有多少进入到每种混合物中。第二个问题是“如何混合天然气生产精炼气体呢?”这也是一个正确的问题,但对于代数模型来说,这还不是一个合适的形式。假设您是炼油厂的经理,一方面,所有这些气罐都装满了原油,另一方面,所有的空罐都装有精炼气。中间数英里长的管道阀门都由您控制。您真正想知道的是要打开哪个阀门,要多少量才能正确地混合它们。因此,正确的问题应该是:每种天然气有多少成分在每种精炼气中?

2.1 节中的混合问题和本节的混合问题的区别关键在于,之前我们是被告知产品的确切成分(例如每种食品中每种营养素的含量),而这里所考虑的问题中,每种产品的成分是最终寻求的答案之一。

由于需要知道多少原料 i 进入精炼气 j 中,因此将得到一个二维的决策变量,比如命名为 G_{ij}。其中,i 表示原油的序号,j 表示精炼气体的序号。例如,$G_{51}=250$,它表示有 250 桶序号为 5 的原油混入到序号为 1 的精炼气体中。在此理解的单位是桶,这似乎是很常见的,因为价格是指每桶。同时,还应该引入辅助变量来帮助建立模型并给出对应的解决方案,即每种天然气的总量(一行 G 的总和)为 R_i,每种精炼气体的总量(一列 G 的总和)为 F_j,模型中建立的非约束方程如下:

$$R_i = \sum_j G_{ij} \quad \forall i \tag{2.2}$$

$$F_j = \sum_i G_{ij} \quad \forall j \tag{2.3}$$

注意,按照该结构,$\sum_i R_i = \sum_j R_j$。换句话说,所有原油总量等于精炼产品的总量。尽管需要它,但该表达式不需要强制执行,可以把它看作一个“连续性”方程,即它反映了在精炼过程中不会损失产品。这种连续性的思想是一种非常有效的建模思想,它将以各种形式出现在开发模型中。

有了这些变量,就能够很容易地对目标函数进行建模。我们被要求最大化利润,因此总销售额(精炼天然气 j 的定价为 p_j)和成本(原油 i 的成本为 c_i)之间的差值计算如下:

$$\max \sum_j F_j p_j - \sum_i R_i c_i$$

约束有很多种形式,最简单的是比如在混合问题中,每种原材料的可用性受到限制。有了辅助变量,这些变量就变得更容易表达,并且可以包含在定义变量的范围内或约束中,其约束如下:

$$0 \leqslant R_i \leqslant u_i \quad \forall i$$

对精炼天然气需求的限制(最大值或最小值)同样简单,如下所示:

$$a_j \leqslant F_j \leqslant b_j \quad \forall i$$

注意如何帮助辅助变量写下这些约束。只要有决策变量,约束就必须写在列和行的总和上。这个问题唯一真正复杂的地方是辛烷值,这里的关键是线性假设,为了了解如何模拟辛烷值的要求,下面介绍一个简单的例子。假设将 800 桶原油 1 和 98 桶辛烷值混合,将 200 桶原油 2 和 90 桶辛烷值混合,得到的辛烷值是多少呢?如果总共有 1 000 桶精炼石油,则计算如下:

$$\frac{800 \times 98 + 200 \times 90}{1\,000} = 96.4$$

一般来说,需要每种原油的混合比例乘以辛烷值,假设 O_i 是原油 i 的辛烷值，O_j 是精炼 j 的辛烷值，则计算公式如下：

$$\sum_i O_i G_{ij} = F_j O_j \quad \forall j \tag{2.4}$$

现在存在一个代数线性模型，接着将其转换为可执行代码，如程序清单 2-4 所示。假设数据是以二维数组的形式输入的，与表 2-3 和表 2-4 中数据完全相同(除了第一列外)，仅供读者参考。

程序清单 2-4　汽油混合模型(gasblend.py)

```
1   def solve_gas(C, D):
2       s = newSolver('Gas blending problem')
3       nR,nF = len(C),len(D)
4       Roc,Rmax,Rcost = 0,1,2
5       Foc,Fmin,Fmax,Fprice = 0,1,2,3
6       G = [[s.NumVar(0.0,10000,'')
7           for j in range(nF)] for i in range(nR)]
8       R = [s.NumVar(0,C[i][Rmax],'') for i in range(nR)]
9       F = [s.NumVar(D[j][Fmin],D[j][Fmax],'') for j in range(nF)]
10      for i in range(nR):
11          s.Add(R[i] == sum(G[i][j] for j in range(nF)))
12      for j in range(nF):
13          s.Add(F[j] == sum(G[i][j] for i in range(nR)))
14      for j in range(nF):
15          s.Add(F[j] * D[j][Foc] ==
16              s.Sum([G[i][j] * C[i][Roc] for i in range(nR)]))
17      Cost = s.Sum(R[i] * C[i][Rcost] for i in range(nR))
18      Price = s.Sum(F[j] * D[j][Fprice] for j in range(nF))
19      s.Maximize(Price - Cost)
20      rc = s.Solve()
21      return rc,ObjVal(s),SolVal(G)
```

代码中的第 3～5 行声明了一些常量来访问数据中相应的行和列，输入变量范围的约束不作为约束，而是作为对应变量的范围。从第 10 行开始的四条语句可体现公式(2.2)和公式(2.3)。

混合方程在第 14 行的循环上创建。注意，由于目标是达到一定的辛烷值，可以用一个不等式来代替这个等式，表明精制产品至少具有所需的辛烷值，这样能稍微缓解问题，并允许在更大的空间上优化。例如，如果没有足够必需的低辛烷值粗汽油，目标函数(从第 17 行开始的三条语句)将最大化精炼产品的销售价格和所用粗天然气的成本之间的差异。使用上述数据执行此模型将生成表 2-5 所列的数据，其中右下角的数字是利润，表示行价格总和与列成本总和的差额。

表 2-5 完全解决混合问题

	F0	F1	F2	桶 数	成 本
R0	542.5		239.5	782.0	43 275.88
R1		894.0		894.0	48 383.28
R2	631.0			631.0	33 872.08
R3		648.0		648.0	36 955.44
R4	704.41	251.59		956.0	52 398.36
R5		647.0		647.0	36 393.75
R6	449.5		239.5	689.0	39 651.95
R7	50.93	558.07		609.0	35 449.89
桶数	2 378.33	2 998.67	479.0		
价格	147 385.32	186 037.28	29 693.21		36 735.18

2.2.2 变化量

虽然混合问题可以通过多种方式提出，但它们都可以按照上述方法解决。决策变量应该是二维的，一维的和另一维的总和表示混合问题的完整解决方案，使用的是总投入材料和总产出材料生产。最后，除了容量和需求约束之外，还至少应该有一个满足线性假设的混合约束。

一个有趣的变化是：可能被要求实现多个特性。例如，除了辛烷值之外，还可能在每种原油中得到一定浓度的硫，同时要求将精炼气保持在一定硫阈值以下。在这种情况下，辛烷值的方程式(2.4)肯定需要用一个不等式来代替，从而确保辛烷值最小；而另一个类似的不等式将确保硫的量最大。假设 S_i 为原油 i 的硫含量，S_j 为精炼气 j 的硫含量，将得到如下表达式：

$$\sum_i O_i G_{ij} \leqslant F_j O_j \quad \forall j$$

$$\sum_i S_i G_{ij} \geqslant F_j s_j \quad \forall j$$

不相等的原因是，该问题不太可能有任何可行的解，包含精确的辛烷值和硫等级。读者可能会尝试修改程序清单 2 - 4 来验证该观点。

为了帮助读者认识到混合问题的基本结构，下面再举一个例子，其具有额外的复杂性。垃圾食品中，一种非常流行的成分是将各种油混合在一起精炼而成的，油有五种口味(O1、O2、O3、O4、O5)，表 2 - 6 中给出了“硬度”的测量值，其中成本以美元/吨为单位，硬度以适当的单位进行测量。

表 2 - 6　所需含量值

口　味	O1	O2	O3	O4	O5
成　本	110	120	130	110	115
硬度值	8.8	6.1	2.0	4.2	5.0

O1 和 O2 可以在产能为 200 吨/月的生成设施 A 中精炼，而 O3、O4 和 O5 可以在产能为 250 吨/月的生产设施 B 中精炼。在精炼过程中没有重量损失，可以忽略该过程的成本。

最终产品是通过混合不同数量的五种油得到的。它有硬度限制，以表 2 - 6 中给出的相同单位测量，必须在 3～6 个单位之间。假设硬度呈线性混合，也就是说，如果将 10 吨 O1 油和 20 吨 O2 油混合，则混合物的硬度等级为

$$(10 \times 8.8 + 20 \times 6.1)/(10 + 20)$$

最终产品每吨售价为 150 美元。那么，如何精炼和混合这些油以获取最大利润呢？

2.3 项目管理

项目管理(通常在优化环境中理解)是指一组任务,每个任务都有两个属性:

- 持续时间;
- 先前任务 T(可能为空)的子集。

典型的例子是建筑房屋,其任务包括寻找位置、绘制平面图、获得许可证、破土动工、铺设地基、建筑墙壁、安装管道、应付检查员等。至关重要的是,有些任务必须先于其他任务完成,比如您不能在建造墙之前建造屋顶。主要考虑的问题是:"基于最小化总完成时间,每项任务何时开始?"也就是说,我们什么时候开始每项任务,让房子在尽可能短的时间内完成建造。另外,如果一个任务落后于计划,那么对其他的任务又有什么影响呢?我们将如何重新安排它们?

表 2-7 是一个项目管理任务示例,通过它来说明解决方案技术。

表 2-7 项目管理任务示例

任 务	持续时间	先前任务	任 务	持续时间	先前任务
0	3	{}	6	7	{01}
1	6	{0}	7	5	{6}
2	3	{}	8	2	{137}
3	2	{2}	9	7	{17}
4	2	{123}	10	4	{7}
5	7	{}	11	5	{0}

2.3.1　构建模型

在这种情况下，需要决定每项任务的开始时间，考虑其优先级，以最小化总完成时间。这表明作为一个决策变量，每个任务的开始时间与给定的持续时间以相同的单位表示。假设一组任务（对应于表 2-7 的第一列），将决策变量声明设为

$$0 \leqslant t_i \quad \forall i \in T$$

为确保满足优先级要求，假设除持续时间 D_i（对应于表 2-7 中的第二列）之外，每个任务 i 的先前任务（对应于表 2-7 中的第三列）的子集 $T_i \subset T$，然后需要通过下面的表达式限定开始时间的下限：

$$t_j + D_j \leqslant t_i \quad \forall j \in T_i ; \forall i \in T$$

目标是尽可能地缩短项目的完成时间。如果任务都是按顺序完成的，那么这个时间就是最后一个任务开始时间加上它的持续时间。但它们可能不会，可能会尽量多地并行执行任务。那么，如果我们不知道最后一个任务，或者如果没有单独的“最后一个”任务，我们将如何找到完成时间呢？

接下来将引入另一个变量 t，同时对于每个任务，限制这个 t 大于它的开始时间加上持续时间。因此它将大于完成时间。如果将目标函数 min t 添加到如下约束条件中：

$$t_i + D_i \leqslant t \quad \forall i \in T$$

那么 t 将以最优性作为完成时间，这是一个无论并行执行多少任务都需要保持的条件。在程序清单 2-5 中被转换为一个可执行模型，其中我们假设 model(D)中的数据结构与表 2-7 中的相同。表 2-7 中，每行有一个任务标志符、持续时间和一组任务，可能没有先前任务。

程序清单 2-5　项目管理模型（project management.py）

```
1   def solve_model(D):
```

```
2   s = newSolver('Project management')
3   n = len(D)
4   max = sum(D[i][1] for i in range(n))
5   t = [s.NumVar(0,max,'t[ % i]' % i) for i in range(n)]
6   Total = s.NumVar(0,max,'Total')
7   for i in range(n):
8       s.Add(t[i] + D[i][1] <= Total)
9       for j in D[i][2]:
10          s.Add(t[j] + D[j][1] <= t[i])
11  s.Minimize(Total)
12  rc = s.Solve()
13  return rc, SolVal(Total),SolVal(t)
```

在代码中,第 4 行通过添加所有持续时间计算时间的有效上限。这显然是一种高估,在第 5 行的决策变量声明中可以使用。在第 6 行代码中声明了总完成时间变量,它被用作所有开始时间加上第 8 行持续时间的上限。最后,在第 10 行添加优先边界。其结果见表 2-8 和图 2-1。注意,最后一个结束时间是项目的总完成时间。

表 2-8 项目管理问题的最优解

任 务	0	1	2	3	4	5	6	7	8	9	10	11
开 始	0	3	0	3	9	0	9	16	26	21	24	23
结 束	3	9	3	5	11	7	16	21	28	28	28	28

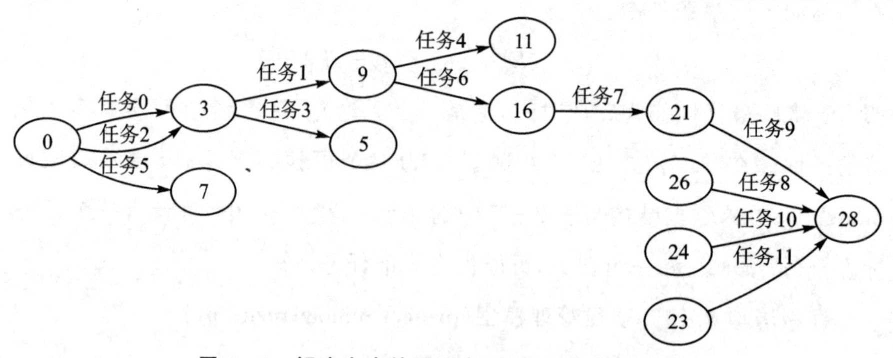

图 2-1 解决方案的图形表示示例(节点是时间)

注意,所有任务都可以在其所需任务结束后的任何时间开启。事实上,根据使用的解释器不同,解决方案可能会不同。在表 2-9 中,可以发现替代解的示例。作为建模者,多重最优解为我们提供了改进模型的机会。在这种特殊情况下,尽早开始所有任务可能很有用。这不会影响总完成时间,而且,如果某些任务的持续时间估计得不好,则可能会使模型更真实,更不容易发生延迟。

表 2-9　项目管理问题的替代最优解

任　务	0	1	2	3	4	5	6	7	8	9	10	11
开　始	0	3	0	3	9	0	9	16	21	21	21	3
结　束	3	9	3	5	11	7	16	21	23	28	25	8

最后请注意,通过查看图形表示,可以清楚地看到任务 0、2、1、6、7、9 的子集在某种意义上是至关重要的。因为如果其中任何一个任务被延迟,则项目完成时间就会被延迟。在小型项目中,这样的图形表示足以识别关键任务;在大型项目中,以编程方式识别这些任务可能是有利的。当讨论最长路径时,您将会看到本书 4.4.3 小节中计算关键路径的一种方法。

2.3.2　变化量

图 2-1 和图 2-2 展示了该问题的两个可能的解决方案。出于实际原因,替代方案可能更可取。如何确保在所有最小化总完成时间的解决方案中,选择一个尽早开始所有任务的解决方案呢? 一种方法是最小化开始时间和,即

```
s.Minimize(sum(t[i] for i in range(n)))
```

在这种情况下,优化器将讨论多个目标。一般来说,这些目标可能是独立的,但往往会更加糟糕,这些目标是相互矛盾的。但在我们的项目管理情

况中，目标（尽可能缩短完成时间并尽早开始所有的任务）是一致的。注意，模型的最新值既无趣也没有用，需要检查总变量以给出完成时间。

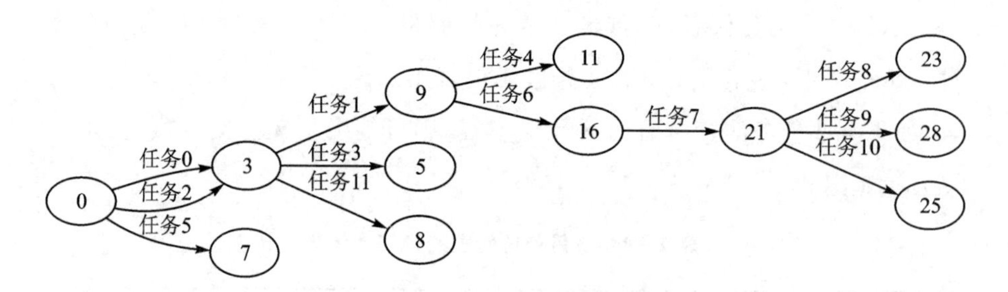

图 2－2　交替解的图形表示法

2.3.2.1　极大极小问题

我们用于项目管理的技术更适用于解决极大极小问题。极大极小问题是一个我们希望最小化一些函数集的最大值的问题。例如，假设我们想要找到最佳值 x，则定义：

$$\min_{x}\max_{i\in T}\sum_{j}a_{i,j}x_{j}$$

这是通过引入一个新变量（比如 t）以及目标

$$\min t$$

约束

$$\sum_{j}a_{i,j}x_{j}\leqslant t\quad\forall i\in T$$

来解决的。

对相应的极大值问题也做了类似的处理。注意，相关的 maximax 和 minimin 更难处理，将在后面的章节中重新讨论这些内容（详见第 7 章 7.2.4 小节）。

2.3.2.2　绝对值问题

实际上，同样的方法也可以用于一些非线性函数。例如那些涉及绝对值的函数。假设寻求最优解 x，需定义：

$$\min_x \left| \sum_j c_j x_j \right|$$

因此绝对值函数被定义为

$$|z| = \begin{cases} z & z \geqslant 0 \\ -z & z < 0 \end{cases}$$

我们使用与约束条件相同的目标 min t。

$$\sum_j c_j x_j \leqslant t \quad \forall i \in T$$

$$-\left(\sum_j c_j x_j\right) \leqslant t \quad \forall i \in T$$

将在第 3 章的 3.2 节中说明这种技术的一些重要应用。

2.4 多级模型

在生活中，一个阶段的决定往往会影响后期的决定。很多事情皆是如此。例如一个仓库，它在月底的库存肯定会影响下个月初的订购的货物。

从某种意义上说，这些多阶段模型（或多级模型）中几乎没有什么新事物，除了必须小心谨慎地正确设置从一个阶段到下一个阶段的连续性外。

为了说明这一点，让我们重新讨论一下混合问题。对于多个目标、价格和成本，我们将多增加几个月的计划。这将是包含多个阶段的案例。这个问题会用到至目前为止所有您看到的技巧和技术。它涵盖了对本章的全面回顾。

2.4.1 问题实例

肥皂是通过各种油精炼、混合制成的。这些油有多种味道（杏、鳄梨、油菜籽、椰子等）。每种油都含有不同比例的多种脂肪酸（月桂酸、亚油酸、油酸等)，如表 2－10 所列。

表 2－10　油(Oi)的脂肪酸含量(Aj)示例

	A0	A1	A2	A3	A4	A5	A6
O0	36	20	33	6	4		1
O1		68	13			8	11
O2		6		66	16	5	7
O3		32				14	54
O4			49	3	39	7	2
O5	45		40		15		
O6						28	72
O7	36	55					9
O8	12	48	34		4	2	

根据肥皂的性质，一种是生成物(清洁力，产生泡沫，是否使皮肤干燥等)，另一种是通过混合各种油使脂肪酸的比例在一定范围内。例如，表 2－11 中肥皂各脂肪酸含量的目标范围。

表 2－11　脂肪酸含量的目标

	A0	A1	A2	A3	A4	A5	A6
最小值	13.3	23.2	17.8	3.7	4.6	8.8	23.6
最大值	14.6	25.7	19.7	4.1	5.0	9.7	26.1

如果考虑时间周期，则会出现另外一个问题。我们要准确计划则须持续几个月。每种油都有可能是为了立即交货而购买，也可能是为了几个月后的交货而购买。表 2－12 中以“美元/吨”为单位给出了每个月每种油的价格。

表 2-12　计划期内每吨石油的成本

	Month 0	Month 1	Month 2	Month 3	Month 4
O0	118	128	182	182	192
O1	161	152	149	156	174
O2	129	191	118	198	147
O3	103	110	167	191	108
O4	102	133	179	119	140
O5	127	100	110	135	163
O6	171	166	191	159	164
O7	171	131	200	113	191
O8	147	123	135	156	116

很可能需要储存 1 000 吨油(任何油品种的组合)备用,但是每月每吨的储存成本为 5 美元。最后,我们必须满足每月 5 000 吨肥皂的需求,这种需求驱动着模型。

在规划的初期,我们有一些石油库存,如表 2-13 所列。如何每月对油进行精炼、调和,以使成本最低呢?

表 2-13　以吨为单位的初始库存

石　油	持　有
O0	15
O1	52
O2	193
O3	152
O4	70
O5	141
O6	43
O7	25
O8	89

2.4.2 构建模型

2.4.2.1 决策变量

要回答的问题是：每个月应该如何混合各种油呢？这意味着我们需要确定每个月每种油进入最终混合的量是多少。这是一个好的开始，但显然还不够。例如，我们可以将购买的石油和库存的石油混合。

因此我们需要区分它们的数量。此外，我们可能还需要再购买一些（因为价格可能会上涨），因此我们还需要知道库存空间。这表明每种油（$O=\{0,1,2,\cdots,n_o\}$是油品种的集合）、每个月（$M=\{0,1,2,\cdots,n_m\}$是月份的集合）至少需要三个决策变量。

$x_{i,j}\geqslant 0\ \forall i\in O,\forall j\in M$	购买
$y_{i,j}\geqslant 0\ \forall i\in O,\forall j\in M$	混合
$z_{i,j}\geqslant 0\ \forall i\in O,\forall j\in M$	持有

其中，$x_{i,j}$ 是第 j 个月买的第 i 种油的数量，单位是吨；$y_{i,j}$ 是第 j 个月为制造肥皂混合的第 i 种油的数量；$z_{i,j}$ 是第 j 个月月初拥有的第 i 种油的数量。注意，这里有一个选择，让变量表示期初还是期末的值。两种都可以接受，但必须在模型中阐述清楚选择哪一种，因为它会影响约束。在多周期模型中，一个典型的错误是让一些约束限定期初变量，而其他一些约束限定期末变量。这样的模型可能可以运行，但结果将是荒谬的。由于在计划开始时就给定了库存量，所以有一个变量表示期初数量，这意味着我们可以很容易用给定数据初始化它。

我们可能需要知道每个月生产多少肥皂。严格地说，这对所表述的问题并不是必不可少的，但它可能会使结果和约束更为简单。通常这有助于引入辅助变量以代替文字解释。测量每月总产量的变量如下：

$$t_j \quad \forall i \in M$$

2.4.2.2 约　束

接着处理连续性约束。需要说明每种油和每个月(除最后月外)的库存是如何波动的,定义的公式如下:

$$z_{i,j} + x_{i,j} - y_{i,j} = z_{i,j+1} \quad \forall i \in O, \forall j \in M \backslash \{n_m\} \tag{2.5}$$

换句话说,月初的库存加上购买的油品种,减去混合的油品种,就构成了新的库存。我们每个月都有最低和最高的储油量,并满足:

$$C_{\min} \leqslant \sum_i z_{i,j} \leqslant C_{\max} \quad \forall j \in M$$

现在处理油类混合中的约束,比如我们需要针对一些脂肪酸。为了有助于配方,我们提取总产量,如下:

$$t_j = \sum_i y_{i,j} \quad \forall j \in M$$

假设每一种脂肪酸 $k \in A$ 有目标范围 $[l_k, u_k]$,每种油 $i \in O$ 所需脂肪酸的比例是 $p_{i,k}$(见表 2-10)。由于最终产品的每种脂肪酸必须在一定的范围内,所以应该有两个约束,一个是上限,一个是下限,如下所示:

$$\sum_i y_{i,j} p_{i,k} \geqslant l_k t_j \quad \forall k \in A, \forall j \in M \tag{2.6}$$

$$\sum_i y_{i,j} p_{i,k} \leqslant u_k t_j \quad \forall k \in A, \forall j \in M \tag{2.7}$$

这些约束可以在没有生产变量 t_j 的情况下编写,但会更加繁琐和难以阅读。最后,我们需要满足需求。很简单,假设每个月 j 都有 d_j 的需求,即

$$t_j \geqslant D_j \quad \forall j \in M$$

2.4.2.3 目　标

我们的目标是将成本降到最低,包括每个月购买油品种的成本加上库存油品种的固定储存成本。因此满足:

$$\sum_i \sum_j x_{i,j} P_{i,j} + \sum_i \sum_j z_{i,j} p$$

这类目标(固定成本加可变成本)经常出现在商业问题中。在后文选择

设施选址以满足用户需求时,您将会再次看到这一点。建造设施是固定成本,为不同用户提供服务是可变成本。

2.4.2.4 可执行模型

现在要做的是将其转换为可执行代码,见程序清单 2-6。有大量数据需要传递。假设表 2-10 是 Part 阵列,表 2-11 是目标阵列,表 2-12 是成本阵列,表 2-13 是库存阵列;还有三个参数: D 是需求,单位是吨;SC 是存储成本,单位是吨/美元;SL 为最小和最大库存量,单位是吨。

程序清单 2-6 多周期混合模型(blend multi. py)

```
1   def solve_model(Part,Target,Cost,Inventory,D,SC,SL):
2       s = newSolver('Multi-period soap blending problem')
3   Oils = range(len(Part))
4   Periods, Acids = range(len(Cost[0])), range(len(Part[0]))
5   Buy = [[s.NumVar(0,D,'') for _ in Periods] for _ in Oils]
6   Blnd = [[s.NumVar(0,D,'') for _ in Periods] for _ in Oils]
7   Hold = [[s.NumVar(0,D,'') for _ in Periods] for _ in Oils]
8   Prod = [s.NumVar(0,D,'') for _ in Periods]
9   CostP = [s.NumVar(0,D*1000,'') for _ in Periods]
10  CostS = [s.NumVar(0,D*1000,'') for _ in Periods]
11  Acid = [[s.NumVar(0,D*D,'') for _ in Periods] for _ in Acids]
12  for i in Oils:
13      s.Add(Hold[i][0] == Inventory[i][0])
14  for j in Periods:
15      s.Add(Prod[j] == sum(Blnd[i][j] for i in Oils))
16      s.Add(Prod[j] >= D)
17      if j < Periods[-1]:
18          for i in Oils:
19              s.Add(Hold[i][j]+Buy[i][j]-Blnd[i][j] == Hold[i][j+1])
20      s.Add(sum(Hold[i][j] for i in Oils) >= SL[0])
21      s.Add(sum(Hold[i][j] for i in Oils) <= SL[1])
22  for k in Acids:
23      s.Add(Acid[k][j]==sum(Blnd[i][j]*Part[i][k] for i in Oils))
24      s.Add(Acid[k][j] >= Target[0][k] * Prod[j])
25      s.Add(Acid[k][j] <= Target[1][k] * Prod[j])
```

```
26        s.Add(CostP[j] == sum(Buy[i][j] * Cost[i][j] for i in Oils))
27        s.Add(CostS[j] == sum(Hold[i][j] * SC for i in Oils))
28    Cost_product = s.Sum(CostP[j] for j in Periods)
29    Cost_storage = s.Sum(CostS[j] for j in Periods)
30    s.Minimize(Cost_product + Cost_storage)
31    rc = s.Solve()
32    B,L,H,A = SolVal(Buy),SolVal(Blnd),SolVal(Hold),SolVal(Acid)
33    CP,CS,P = SolVal(CostP),SolVal(CostS),SolVal(Prod)
34    return rc,ObjVal(s),B,L,H,P,A,CP,CS
```

从第 5 行到第 11 行，是定义变量，只有前三个是真正的决策变量，其他都是人为引入的，它们要么是用于阐述约束(第 8 行和第 11 行)，要么是为了展示解决方案的一些细节。它们不会以任何明显的方式影响解算程序的运行时长，但会让我们的工作更轻松。

在第 12 行，我们将 Hold 变量设置为计划开始时的已知库存。

从第 14 行开始的大型循环将设置总体的约束，因为它们每个月具有相同的结构，并且我们已经将变量阐述为按月份索引的数组阵列。

第 15 行将人工变量 Prod 设为混合的油类的总和。这并不是一个真正的约束，而是一个简化的技巧。如果我们在模型中重复一些计算，如下所示：

```
sum(Blnd[i][j] for i in range(n0)
```

那么应该考虑引入一个人工变量。一个好的解算程序不会浪费，只会有帮助。编程(和建模)的原则之一是“不要重复”。

在第 16 行之后，使用 Prod 变量来确保满足需求。如果这个需求是一个标量，那么我们为每个月设置相同的值，但是它可以是一个按月份索引的数组。

从第 17 行的 if 开始，代码实现了在等式(2.5)中描述的连续性要求。确保月初购买的数量和拥有的数量等于混合的数量和为下个月储存的数量。这个条件是为了避免规划期限一个月后设置约束。

第 20 行和第 21 行确保了库存的油品种的界限。

从第 22 行开始的循环首先定义了辅助变量 Acid，以简化其后两行混合约束的公式，它们对应于方程(2.6)和方程(2.7)。Acid 用脂肪酸 k 的序数和月份 j 的序数来表示，是所有混合脂肪酸 k 的油类的数量。这个数量除以混合总量得到的百分比必须在所需范围内。

26 行到 29 行设置了每个时期购买成本的人工变量，然后将它们相加，构造出目标函数，使目标函数最小化。

该模型具有一定的复杂性，调用方应该检查解算程序的返回代码。它的最优解应该为 0，最常见的非零返回状态是不可行的。这可能有多种原因，其中最有可能的原因是没有油的品种组合将达到我们的目标脂肪酸含量。

表 2-14 显示了所有上述数据的运行结果。它显示了我们需要知道的一切。第一组将发送给采购部，指定每个月要购买多少类油。下一组将发送到制造部，描述每个月正确的混合配方。注意，每个月肥皂由不同类油制成，需要将成本最小化。下一组将发送到计算部，描述每个月的库存、产品成本和存储成本。最后，将最后一组发送到质量控制部，表明实际百分比的脂肪酸混合配方。

该模型的主要目的，一是展示真实模型的复杂性，以及处理模型管理复杂性的一些技巧；二是强调用 Python 建模而非专用建模语言的一些优点。

2.4.3 变化量

这样复杂的模型有无数种变化。

- 需求可能每个月有所不同，如表 2-14 所列。
- 可能会要求利润最大化，而不是满足某些需求。在这种情况下，需要知道最终产品的价格，当然每个月价格都会变化。

- 库存等级可以用每种油的数量而非总量来表示。
- 某些油类的脂肪酸含量可能存在不确定性。

表 2-14　多周期混合结果

买入数量	Month 0	Month 1	Month 2	Month 3	Month 4
O0	1 935.7	0.0	0.0	0.0	0.0
O1	480.7	0.0	274.6	0.0	0.0
O2	192.4	0.0	545.9	0.0	0.0
O3	2 835.0	1 553.3	0.0	0.0	0.0
O4	293.7	0.0	0.0	136.8	0.0
O5	0.0	966.7	1 611.3	0.0	0.0
O6	482.6	1 011.5	275.1	1 517.9	0.0
O7	0.0	0.0	0.0	1 247.9	0.0
O8	0.0	1 468.5	2 293.1	597.4	0.0
混合数量	Month 0	Month 1	Month 2	Month 3	Month 4
O0	1 683.6	117.7	149.4	0.0	2 034.4
O1	532.7	0.0	274.6	0.0	919.5
O2	113.3	272.1	269.3	276.6	105.6
O3	1 551.3	1 465.1	1 524.0	0.0	382.6
O4	363.7	0.0	0.0	136.8	392.7
O5	141.0	966.7	1 051.8	559.5	0.0
O6	525.6	684.9	601.7	1 517.9	1 165.2
O7	0.0	25.0	0.0	747.9	0.0
O8	89.0	1 468.5	1 129.2	1 761.3	0.0
持有数量	Month 0	Month 1	Month 2	Month 3	Month 4
O0	15.0	267.2	149.4	0.0	0.0
O1	52.0	0.0	0.0	0.0	0.0
O2	193.0	272.1	0.0	276.6	0.0
O3	152.0	1 435.7	1 524.0	0.0	0.0
O4	70.0	0.0	0.0	0.0	0.0
O5	141.0	0.0	0.0	559.5	0.0

续表 2-14

持有数量	Month 0	Month 1	Month 2	Month 3	Month 4
O6	43.0	0.0	326.6	0.0	0.0
O7	25.0	25.0	0.0	0.0	500.0
O8	89.0	0.0	0.0	1 163.9	0.0
生产数量	5 000.0	5 000.0	5 000.0	5 000.0	5 000.0
生产成本	$735 098.96	$616 064.04	$644 688.93	$491 829.66	$0.00
储存成本	$3 900.00	$10 000.00	$10 000.00	$10 000.00	$2 500.00
脂肪酸含量/%	Month 0	Month 1	Month 2	Month 3	Month 4
A0	13.6	13.3	13.3	14.6	14.6
A1	24.9	24.5	25.2	25.5	23.2
A2	17.8	18.5	17.8	17.8	19.7
A3	3.7	3.7	3.7	3.7	4.1
A4	5.0	5.0	5.0	5.0	5.0
A5	8.8	8.8	8.8	9.7	9.7
A6	26.1	26.1	26.1	23.6	23.6
总计	100.0	100.0	100.0	100.0	100.0

2.5 模式分类

分类软件是目前最成功的应用软件之一，是人类智力的产物。例如，用软件区分电子邮件是合法的还是垃圾邮件，活细胞是恶性的还是良性的，公司应该为您提供面试还是让您的简历石沉大海。

让我们看一看数据二进制分类的第一批有效技术之一。这个例子是人为的，因为我想画一些图片来指导，但是我们将要编写的代码适用于各种各样的情况。

让我们想象一下，我们正试图根据两种特征将细胞分类为恶性或良性：面积和周长。这些特征是由显微镜下细胞的图片自动测量的。这个过程从收集细胞开始，由计算机分成两组。这些群体构成了我们软件的训练集。在“训练”了我们的软件之后，将为它提供新的数据，而这些数据将决定细胞属于哪一组。也就是说，它将细胞分为恶性或良性。这一过程是真实的，并在世界各地的实验室中使用。在这里，所做的简化是在实践中使用了两个以上的特征。

以图 2－3 所示的细胞特征为例，x 轴表示周长，y 轴表示半径。我们看到这两类细胞可以用一条线分开。我们的任务是发现这条线。当然，可能会有许多这样有效的线，但是，作为第一次尝试，任何分隔这两类细胞的线都可以。

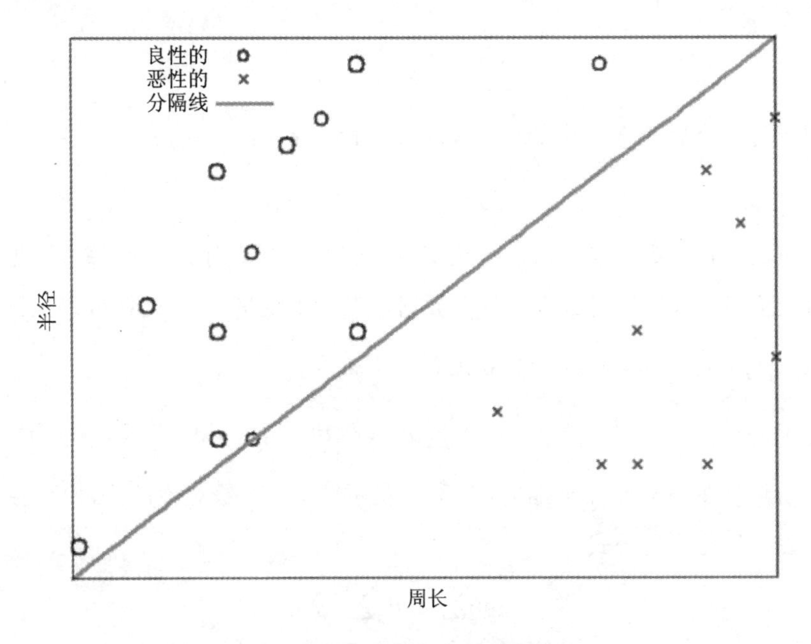

图 2－3　细胞数据与分离超平面

2.5.1 构建模型

在代数领域内，一条线的方程形式为 $a_1x_1+a_2x_2=a_0$，其 a_1、a_2、a_0 为固定系数。如果在维数 n 中，则称它为超平面，其公式表达如下：

$$\sum_{i=1}^{n} a_i x_i = a_0$$

对于某一特定点 x，在这条线的一边或另一边意味着什么呢？它意味着要么满足 $a_1x_1+a_2x_2<a_0$，要么满足 $a_1x_1+a_2x_2>a_0$。这两个严格的不等式的适用范围可以扩展为任何不同程度差异的分类情况。因此，我们可以将任务简化为确定系数 a，这样，对于 A 类中的每一个点 x'，都适用于如下不等式：

$$\sum_i a_i x_i' \geqslant a_0 + 1$$

而对于每一个属于 B 类中的点 x''，适用如下不等式：

$$\sum_i a_i x_i'' \leqslant a_0 - 1$$

下面为每个数据点引入一个正变量。例如：为类别 A 中的每个数据点引入正变量 y_i'，为类别 B 中的每个数据点引入正变量 y_i''。现在可以执行不等式：$\sum_i a_i x_i \geqslant a_0 + 1$，条件是通过以下方程：

$$y' \geqslant a_0 + 1 - \sum_i a_i x_i \quad \text{和} \quad y' \geqslant 0$$

当将 y 的值最小化至零时，对于 B 类的点，代数是对称的。最后，便得到了以下优化问题公式：

$$\min \sum_{i\in A} y_i' + \sum_{i\in B} y_i''$$

$$\text{s.t.} \begin{cases} y' \geqslant a_0 + 1 - \sum_i a_i x_i \\ y'' \geqslant \sum_i a_i x_i'' - a_0 + 1 \end{cases}$$

并且公式的使用条件为：$y', y'' \geq 0$。

该模型的一个特点是，如果最优目标值为零，则有一个超平面将训练集正确地划分为恶性细胞和良性细胞。但如果该值为非零，则表示集合不可由超平面分离，因此需要更复杂的划分方法。

2.5.2 可执行模型

接下来是将其转换为程序清单 2-7 所示的可执行模型。它接受由计算机将其划分为 A 类和 B 类的两组具有任意数量特征的数据点。

程序清单 2-7　分类超平面的识别(features.py)

```
1   def solve_classification(A,B):
2       n,ma,mb = len(A[0]),len(A),len(B)
3       s = newSolver('Classification')
4       ya = [s.NumVar(0,99,'') for _ in range(ma)]
5       yb = [s.NumVar(0,99,'') for _ in range(mb)]
6       a = [s.NumVar(-99,99,'') for _ in range(n+1)]
7       for i in range(ma):
8           s.Add(ya[i] >= a[n] + 1 - s.Sum(a[j] * A[i][j] for j in range(n)))
9       for i in range(mb):
10          s.Add(yb[i] >= s.Sum(a[j] * B[i][j] for j in range(n)) - a[n] + 1)
11      Agap = s.Sum(ya[i] for i in range(ma))
12      Bgap = s.Sum(yb[i] for i in range(mb))
13      s.Minimize(Agap + Bgap)
14      rc = s.Solve()
15      return rc,ObjVal(s),SolVal(a)
```

在第 4 行和第 5 行定义了超平面中集合 A 和 B 的潜在偏差后，又在第 6 行定义了保持超平面的变量。请注意，稍后我们需要这个超平面来对未知点进行分类。还要注意，系数可以限制在任何包含零的区间内。一个平面的所有系数都很容易标度，只要它包含零，它的代数表达式就驻留在我们选择的任何区间上。

第 8 行和第 10 行的约束设置了每个点到超平面的偏移量,目标函数将试图将其最小化为零。

读者可能会对这个模型感到有点不舒服,为什么呢?至少在一定程度上,我们不关心它是否是一个最优值的模型,而只关心它是否为零的模型。决策变量(我们已经讨论了为什么这个表达式是如此用词不当)并没有做出任何决定。y 变量集合除了表示一个点违反线性不等式外,就没有真正的解释。最后,在超平面中提取的解的唯一部分还没有使用,它将在以后使用,在试图将一个新的点分类为属于 A 或 B 类的不同程序中使用。我们已经用这个模型将它移到了一个比以往任何时候都更高的抽象平面上。

2.5.2.1 变化量

从这个模型中我们发现至少有三个方向可挖掘。

第一,增加约束以提高返回超平面的质量。例如,我们可以要求它不仅分离这两个集合,而且从某种意义上说,它离一个集合和另一个集合也相距甚远。如果训练集选得好,这将确保我们以后将错误分类减到最少。这就是所谓的最大化利润,这个问题将在第 3 章解决。

第二,当最优值不是零时,即当两个集合不能被一个超平面分离时,应该怎么做。它们可以通过一条非线性曲线来分离。这个问题很复杂,已经尝试了多种方法,但大多都要依赖、了解有关数据的其他信息。我们不会考虑。

第三,考虑将其分为多个类。我们将在第 3 章中讨论这个问题。

第 3 章
隐线性连续模型

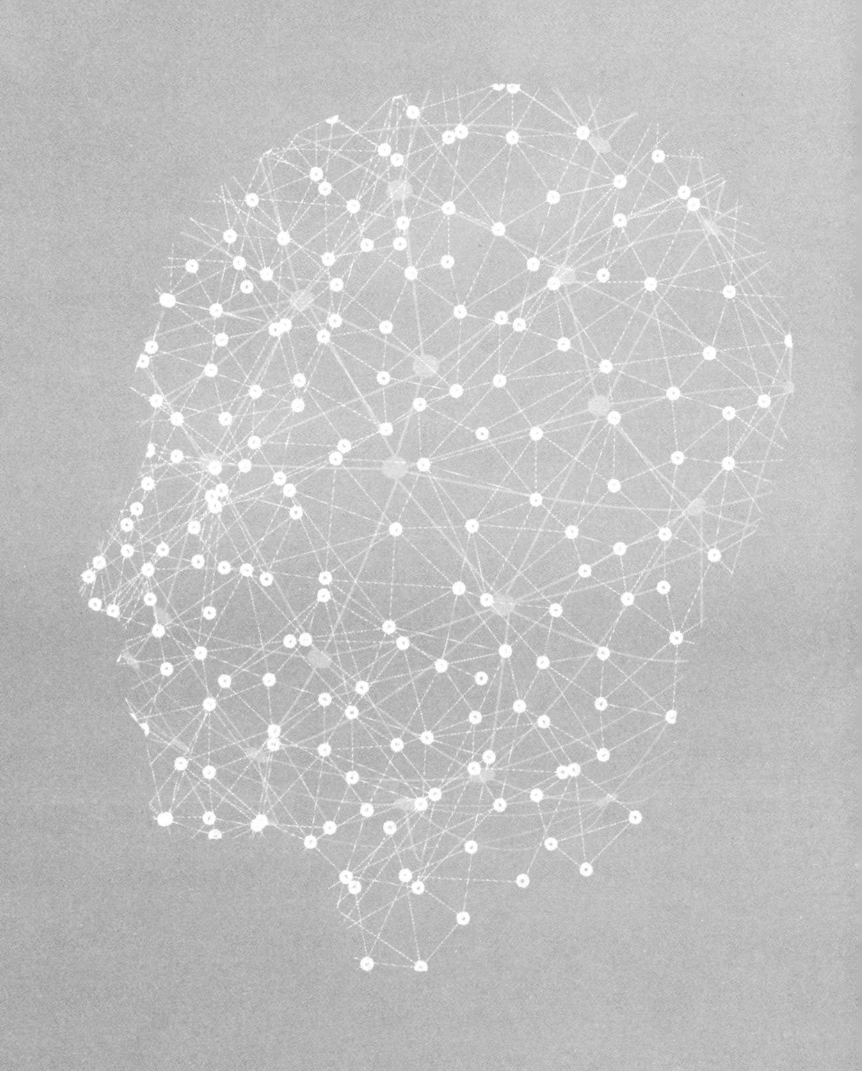

第3章　隐线性连续模型

在本章中，我们将对一些问题进行分析，以揭示它们的内在结构。本章的重点是那些可以通过一系列创造性的改变而整理成连续线性变化的问题。其关键是要确保原始问题和修改后的问题一一对应，这样我们就可以从修改后的解决方案中检索到原始问题的解决方案。

以这种方式处理问题的主要原因是：连续线性解释器处理得非常快，它们可以处理包含成千上万变量和约束的模型。因此，如果一个问题用这种方式建模，那么它解决的实例就没有什么实际限制了。稍后您将看到，对于更复杂的模型，情况并非如此。实际上，我们可以编写一些包含十几个变量的模型，并替换先前那些无法在合理时间内求解的模型。

本章遇到的困难主要是非线性问题，但有一个有利的限制，那就是将函数视为凸函数。凸函数①是位于任何有效线性近似值“上方”的函数。在一维空间中，如果满足如下公式：

$$f(x_0+h) \geqslant f(x_0)+f'(x_0)h$$

则称 $f(x)$在点 x_0 处是凸的。

在几何上，它类似于图 3－1 中所示曲线，在 $x_0=4$ 处，存在一阶近似的

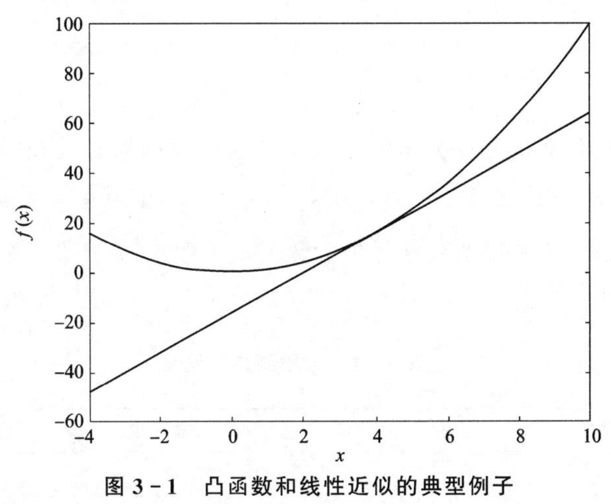

图 3－1　凸函数和线性近似的典型例子

---

① 所有从事研究的数学专家都认同“凸”和它的对立面“凹”的说法，但美国高中教科书的作者，忽略了数以千计的论文、期刊和研究专著，坚持“凹上”和“凹下”。

$f(x)=x^2$ 曲线。凸特性是用来克服非线性而提出的隐藏性方法。

3.1 分段线性

我们在本节考虑分解线性函数。按照传统的说法，它们是分段线性的。因此，到目前为止，我们使用过的线性规划解释器(GLPK、GLOP、CLP)都无法直接处理它们，但是我们可以编写一些代码将它们转换成一种所有解释器都可以处理的标准形式。这是使用Python而非其他专用建模语言来构建模型的理由之一。

作为第一个例子，为了说明该技术而没有隐藏任何其本质的问题，我们定义了如下所示的分段函数：

$$f(x)=\begin{cases} C_1x & 0\leqslant x\leqslant B_1 \\ C_1B_1+C_2(x-B_1) & B_1\leqslant x\leqslant B_2 \\ C_1B_1+C_2(B_2-B_1)+C_3(x-B_2) & B_2\leqslant x\leqslant B_3 \\ \vdots \end{cases} \tag{3.1}$$

我们可以将此函数视为运输成本函数对重量的额外处罚，也就是说，我们运送的产品越多，其单位价格就越高。表 3-1(和图 3-2)展示了这个函数的实例，表 3-1 中前两列括号中的数字表示数量 B_i、B_{i+1}，第三列表示单位成本 C_i。

表 3-1　分段函数示例

(From	To]	单位成本	(总成本	总成本]
0	148	24	0	3 552
148	310	28	3 552	8 088
310	501	32	8 088	14 200

续表 3-1

(From	To]	单位成本	(总成本	总成本]
501	617	34	14 200	18 144
617	762	36	18 144	23 364
762	959	40	23 364	31 244

我们将通过最小化该函数来说明该方法对数量的简单约束。

3.1.1 构建模型

在这个问题上，需要决定的只是生产数量。我们可以定义一个决策变量，其边界从 0 到最后一个数量，如下所示：

$$x \in [0, B_n]$$

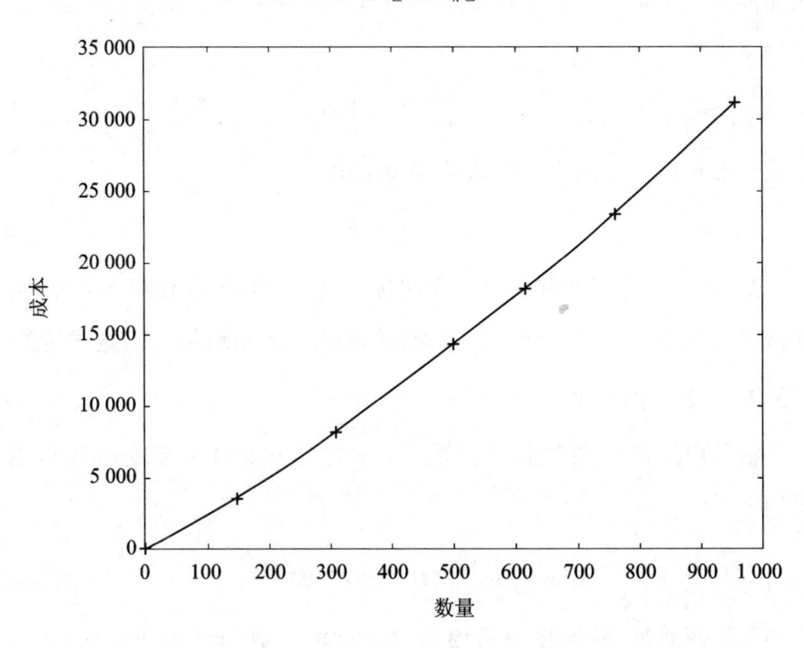

图 3-2　分段且凸显成本函数

但我们决定的数量会影响目标函数，因此我们需要知道在哪个括号中结束，以及对应括号的位置。这里有一个关键技巧：我们为函数中的每一个断点引入了一个额外的变量。假设存在 n 个方括号，我们将这些变量视为方括号上的权重边界，由此可知方括号的位置。当前最多需要两个非零的连续变量，并且它们的和为 1。因此，我们可以知道 x 变量的位置和目标函数的值。

$$\delta_i \in [0,1] \quad \forall i \in \{0,1,2,\cdots,n\}$$

例如，当 $\delta_2=\frac{1}{4}$ 和 $\delta_3=\frac{3}{4}$ 时，可以知道，我们在第三个括号中用四分之一的方法使得 $x=\delta_2 B_2+\delta_3 B_3$。

3.1.1.1 约　束

若强制令 δ 的和为 1，并根据问题的凸特性结构，则最多有两个相邻的 δ 将为非零。这将告诉我们是哪个括号以及括号所对应的位置，为此，我们增加了约束条件：

$$\sum_i \delta_i = 1$$

我们通过以下公式推导出决策变量的值：

$$x = \sum_i \delta_i B_i \tag{3.2}$$

注意，这个 x 变量及其相关约束在优化模型中将不起作用。对于解释器来说，δ 才是真正的决策变量，而 x 只是转换成原始问题的语言，这才是关键。

3.1.1.2 目　标

在括号内的目标函数是线性的，因此我们需要对所有括号进行求和。公式如下：

$$\min \sum_{i=1}^{n} \delta_i \sum_{j=1}^{i} (B_j - B_{j-1}) \times C_{j-1}$$

必须强调的是，转换技巧只因为这个目标函数的结构而起作用。它是凸函数。如果它是凹的，这个问题就不能用线性规划解释器来解，您将在第 7 章 7.2 节中看到如何使用整数规划解释器来处理这种更困难的情况。

3.1.1.3 可执行模型

让我们将其转换为可执行模型。首先，假设目标函数为成元组(x，$f(x)$)组成的数组 D。它将允许任何连续的分段线性函数。同时，假设我们给出了生成数量的下限 b。这个问题非常简单，我们将知道它的解决方案是什么，即下界 b，详见程序清单 3-1 的代码。但这是为了说明使用线性解释器求解分段线性函数的技术。在下一节中，我们将使用此技术来解决更现实的问题。

程序清单 3-1 分段模型的最简单示例(piecewise.py)

```
1   def minimize_piecewise_linear_convex(Points,B):
2   s,n = newSolver('Piecewise'),len(Points)
3   x = s.NumVar(Points[0][0],Points[n-1][0],'x')
4   l = [s.NumVar(0.0,1,'l[%i]' % (i,)) for i in range(n)]
5   s.Add(1 == sum(l[i] for i in range(n)))
6   s.Add(x == sum(l[i] * Points[i][0] for i in range(n)))
7   s.Add(x >= B)
8   Cost = s.Sum(l[i] * Points[i][1] for i in range(n))
9   s.Minimize(Cost)
10  s.Solve()
11  R = [l[i].SolutionValue() for i in range(n)]
12  return R
```

第 4 行定义了其他变量，每个分段函数的断点对应一个变量；第 5 行强制让 i 变量的和为 1；第 6 行定义了 x 变量，第 7 行通过边界允许我们考虑各种有趣的场景。

目标函数的处理方式与第 8 行的 x 类似，我们在一个包含了所有适当信息的表中解决并返回解决方案，以了解解释器生成的内容。

我们将使用不同的边界运行这段代码，以说明生成的解决方案的类型。首先，表 3-2 显示了一个典型的运行过程，在一个括号内有一个解决方案。我们设定了 $x \geqslant 250$ 的界限，从而准确地得到所需值。

注意只有两个 δ 是非零的，定义如下：

$$\delta_1 \times B_1 + \delta_2 \times B_2 = 0.37 \times 148 + 0.63 \times 310 = 250$$

而成本函数计算如下：

$$0.37 \times 3\,552 + 0.63 \times 8\,088 = 6\,408$$

表 3-2　$x \geqslant 250$ 的凸分段目标的最优解

间　隔	0	1	2	3	4	5	6	解
δ_i	0.0	0.370 4	0.629 6	0.0	0.0	0.0	0.0	$\sum\delta = 1.0$
x_i	0	148	310	501	617	762	959	x=250.0
$f(x_i)$	0	3 552	8 088	14 200	18 144	23 364	31 244	成本=6 408

为了说明该边界情况，我们设置 $x \geqslant 310$ 的边界和括号的开始位置，并观察表 3-3 中的结果。需要注意的是，在这种情况下，只有一个 δ 是非零的，它被设置为最大的权重。

表 3-3　$x \geqslant 310$ 的凸分段目标的最优解

间　隔	0	1	2	3	4	5	6	解
δ_i	0.0	0.0	1.0	0.0	0.0	0.0	0.0	$\sum\delta = 1.0$
x_i	0	148	310	501	617	762	959	x=310.0
$f(x_i)$	0	3 552	8 088	14 200	18 144	23 364	31 244	成本=8 088

作为边界条件的最后一个示例，我们强制让 $x \geqslant 1$，其结果如表 3-4 所列。

表 3-4　$x \geqslant 1$ 的凸分段目标的最优解

间　隔	0	1	2	3	4	5	6	解
δ_i	0.993 2	0.006 8	0.0	0.0	0.0	0.0	0.0	$\sum\delta = 1.0$
x_i	0	148	310	501	617	762	959	x=1.0
$f(x_i)$	0	3 552	8 088	14 200	18 144	23 364	31 244	成本=24

3.1.2　变化量

第一个变化是分段方法在非线性优化中的应用。

3.1.2.1　线性近似的非线性函数最小化

由于我们可以用分段线性函数来求解优化问题，因此可以用这种方法来近似凸非线性函数，从而提高分段线性函数的精度。接下来讲解一个例子。假设我们需要在区间[2,8]上最小化非线性函数：

$$f(x)=\sin x\mathrm{e}^{x}$$

我们很容易将这个函数分解成若干段，并在这些分段函数值之间进行线性插值，如图3-3所示。

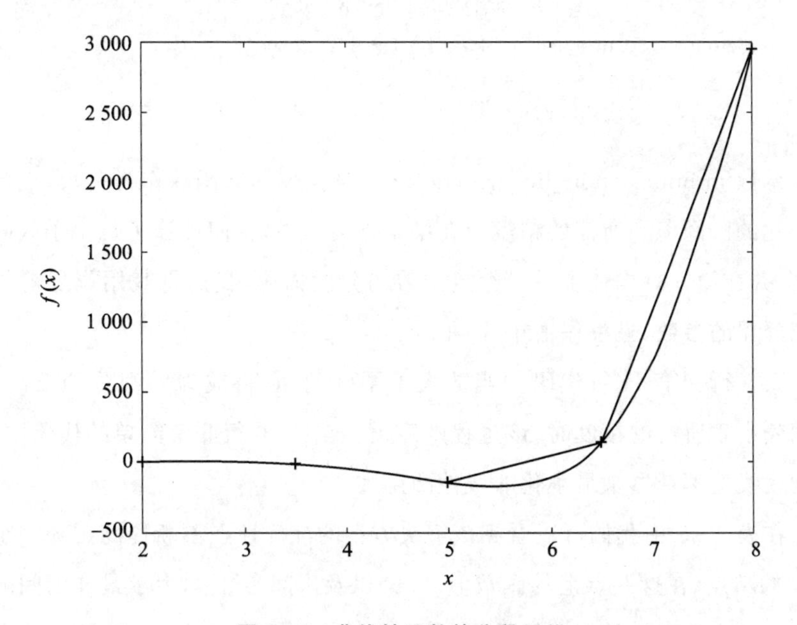

图3-3　非线性函数的分段近似

然后我们最小化这个分段的线性近似。如果解决方案足够准确地满足我们的需求，我们的任务就完成了。如果没有满足，我们将放大解决方案并使用更小的区间段去近似函数。可执行代码如程序清单 3 - 2 所示，它是使用诸如 Python 这样的通用编程语言来实现并且明显优于专用建模语言的一个示例。

程序清单 3 - 2　通过线性近似最小化非线性函数

```
1  def minimize_non_linear(my_function,left,right,precision):
2      n = 5
3      while right - left > precision:
4          dta = (right - left)/(n - 1.0)
5          points = [(left + dta * i, my_function(left + dta * i)) for i in
                     range(n)]
6          G = minimize_piecewise_linear_convex(points,left)
7          x = sum([G[i] * points[i][0] for i in range(n)])
8          left = points[max(0,[i - 1 for i in range(n) \
9                           if G[i]>0][0])][0]
10 right = points[min(n - 1,[i + 1 for i in range(n - 1,0, - 1) \
11         if G[i]>0][0])][0]
12 return x.SolutionValue()
```

函数 minimize_non_linear 可以接受任何 Python 函数作为参数，也包括最小化的区间值和所需的精度。在第 4 行代码中，我们计算了每个子区间的长度，并在第 5 行构造了一个给定函数的分段描述，我们将其用作之前描述的解释器的参数，见程序清单 3 - 1。

第 9 行和第 11 行代码适当放大了子区间，它将成为要细分的新区间。当间隔小于所需的精度时，该过程则停止。在这 10 行非常简单的代码中，我们利用线性解释器来最小化非线性凸函数。

在表 3 - 5 中我们可以看到该解决方案的准确性在不断提高。每一组包括 x 的断点、在这些点上的函数值 $f(x)$ 以及区间参数 δ，表示最佳的间隔参数。最右边的两列是相应的最优 x 和 $f(x)$。我们注意到，x 在最终解中是上下交替跳跃的，这对是否需要进行低估或高估来说非常重要。

表 3-5 非线性最小化的最优解

间 隔	0	1	2	3	4	x^*	$f(x^*)$
x_i	2.0	3.5	5.0	6.5	8.0		
$f(x_i)$	6.7	−11.6	−142.3	143.1	2 949.2		
δ_i	0.0	0.0	1.0	0.0	0.0	5.0	−142.3
x_i	3.5	4.2	5.0	5.8	6.5		
$f(x_i)$	−11.6	−62.7	−142.3	−159.7	143.1		
δ_i	0.0	0.0	0.0	1.0	0.0	5.8	−159.7
x_i	5.0	5.4	5.8	6.1	6.5		
$f(x_i)$	−142.3	−170.2	−159.7	−72.0	143.1		
δ_i	0.0	1.0	0.0	0.0	0.0	5.4	−170.2
x_i	5.0	5.2	5.4	5.6	5.8		
$f(x_i)$	−142.3	−159.2	−170.2	−171.9	−159.7		
δ_i	0.0	0.0	0.0	1.0	0.0	5.6	−171.9
x_i	5.4	5.5	5.6	5.7	5.8		
$f(x_i)$	−170.2	−172.5	−171.9	−167.8	−159.7		
δ_i	0.0	1.0	0.0	0.0	0.0	5.5	−172.5
x_i	5.4	5.4	5.5	5.5	5.6		
$f(x_i)$	−170.2	−171.7	−172.5	−172.6	−171.9		
δ_i	0.0	0.0	0.0	1.0	0.0	5.5	−172.6
x_i	5.4	5.5	5.5	5.5	5.6		
$f(x_i)$	−171.7	−172.4	−172.6	−172.5	−171.9		
δ_i	0.0	0.0	1.0	0.0	0.0	5.5	−172.6
x_i	5.5	5.5	5.5	5.5	5.5		
$f(x_i)$	−172.4	−172.5	−172.6	−172.6	−172.5		
δ_i	0.0	0.0	1.0	0.0	0.0	5.5	−172.6

3.1.2.2 非凸分段线性

最棘手的情况是最小化函数具有非凸性。举个例子，见表 3-6 和图 3-4，如果单位成本持续降低而不是增加，那么本节所介绍的方法存在缺陷,如表 3 - 7 所列。

表 3 - 6　非凸分段函数示例

(From	To]	单位成本	(总成本	总成本]
0	194	18	0	3 492
194	376	16	3 492	6 404
376	524	14	6 404	8 476
524	678	13	8 476	10 478
678	820	11	10 478	12 040
820	924	6	12 040	12 664

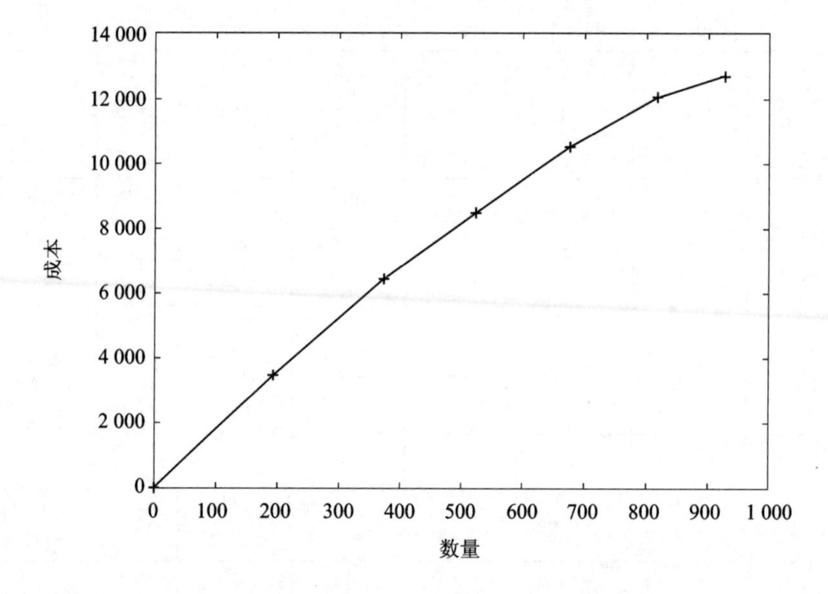

图 3 - 4　分段非凸成本函数

注意,δ 之和是 1,并且决策变量的值是正确的,但总成本是荒谬的。它是通过第一个和最后一个 δ 组合得到的,而非连续的点。实际情况是:解算程序考虑的是 $f(0)$和 $f(924)$之间的直线,这条线在 $f(x)$以下,因此它对 x 的所有中间值产生一个较低的成本值。

表3-7　$x \geqslant 250$的非凸目标错误解法

间　隔	0	1	2	3	4	5	6	解
δ_i	0.729 4	0.0	0.0	0.0	0.0	0.0	0.2706	$\sum\delta = 1.0$
x_i	0	194	376	524	678	820	924	$x=250.0$
$f(x_i)$	0	3 492	6 404	8 476	10 478	12 040	12 664	成本=3 426

您将在本书7.2节中还会看到，这里采用的方法可以改为使用整数规划解释器，并添加更多的约束条件。

3.2　曲线拟合

一个十分常见的问题是从一组数据点移动至同组数据的解析表示。统计学家称之为回归，应用数学家称之为参数估计，工程师称之为曲线拟合，我偏好最后一个解释。[1]

以下是最著名、最简单的示例：假设我们知道（或者猜想，伽利略是第一个这样做的）下落的物体遵从如下曲线公式：

$$f(t)=a_2t^2+a_1t+a_0$$

其中，t代表时间，但是我们不知道a_0、a_1、a_2合适的值。我们做了一个实验并收集了数据，如表3-8所列。

---

① "回归"这一表达来自弗朗西斯·高尔顿（Francis Galton）关于"回归走向平庸"削弱而非突出技术的原文。至于"参数"，请问，什么不是参数呢？

表 3-8　二次拟合 $f(t)=a_2t^2+a_1t+a_0$ 的数据示例

t_i	f_i
0.158 4	0.094 6
0.845 4	0.268 9
2.101 7	5.828 5
3.196 6	14.889 8
4.056	25.613 4
4.993 1	38.395 2
5.857 4	43.506 5
7.147 4	91.371 5
8.185 9	119.075
9.034 9	115.773 7

因为需要确定函数的系数($a_0,a_1,\cdots$),所以我们需要知道最小化每条曲线到数据点的距离。统计学家喜欢用欧几里得距离或它的平方:

$$\min\sum_n[\overline{f_i}-f(\overline{t_i})]^2$$

这种最小二乘法可以追溯到卡尔·弗里德里希·高斯[①],他运用这种方法来预测行星运动。该方法通常有效,而且很容易通过解一个线性方程组得到,即所谓的正则方程。

尽管很受认可,但欧式距离不是最小值的唯一有效距离。另一种方法是使用偏差的绝对值,比如:

$$\min\sum_n|\overline{f_i}-f(\overline{t_i})|$$

或者是偏差绝对值的最大值,比如:

$$\min\max_n|\overline{f_i}-f(\overline{t_i})|$$

例如,当我们处理公差时,即当所有误差必须在某个最大值范围内时,

① 卡尔·弗里德里希·高斯. Theoria Combinationis Observationum Erroribus Minimis Obnoxiae(最小误差观测组合理论). 工业和应用数学学会,1987.

后一种方法是最合适的。我们将根据后一种方法开发代码,使其在运行时可以在两个目标函数之间进行选择。

3.2.1 构建模型

我们将分阶段描述这个相当复杂的模型。

3.2.1.1 目 标

假设要求我们找出变量 t 中 k 的多项式,需要确定系数 $a_0,a_1,\cdots,a_k$,这些系数最小化了数据点与多项式之间的偏差和/或最大偏差。

此处第一个抽象概念是把这些所有的偏差作为函数,表示为 $e_0,e_1,\cdots,e_n$,这些稍后我们再作判定。在偏差和的情况下,目标函数很简单,即

$$\min\sum_i e_i$$

但是在第二种情况下,我们需要一个最小化最大偏差的目标函数,定义如下:

$$\min\max_n e_i$$

后一种表达显然不适合我们的线性程序框架。因为我们可以有一个最小值或者最大值,但不能同时拥有两者,而且我们必须有一个目标函数,而不是一组目标函数。

在这种情况下,使用抽象方法是将目标函数移动到约束条件中。为了说明这一点,我们首先引入一组不等式(其中包含一个新变量 e,表示最大偏差):

$$e_i \leqslant e \quad \forall i \in [1,n]$$

接着,我们将目标函数表述为 e 的最小值。因为 e 是所有偏差的上界,而且我们最小化了它,所以我们最小化了最大偏差。注意,在最优情况下,至少有一个不等式是有约束力的,否则显然不是最优的。但大多数不等式都是松散的,因为它们的偏差小于最大偏差。

3.2.1.2 约 束

现在我们需要表示这些偏差。我们得到了一对数组$(\overline{t_i},\bar{f})$,代表假定函

数 f 在 $\overline{t_i}$ 时刻的测量值。因此，对于特定的一对数组来说，偏差是

$$e_i = |a_0 + a_1\overline{t_1} + a_1\overline{t_2}^2 + \cdots + a_k\overline{t_i}^k - \overline{f_i}|$$

也就是说，偏差是实验位移 $\overline{f_i}$ 与理论位移 $f(\overline{t_i})$ 之间差的绝对值，这是通过求函数 i 在 $\overline{t_i}$ 时刻的值得到的。为什么是绝对值？因为偏差可以是正的也可以是负的，我们只关注它的大小就可以了。

(1) 拆分不等式并限定偏差

考虑绝对值的定义，如果 a 是正数则 $|a| = a$，如果 a 是负数则 $|a| = -a$。这表明可以用以下两个不等式来替代不等式 $|e_i| < e$：

$$|f(t_i) - \overline{f_i}| \leqslant e$$

$$|-f(t_i) + \overline{f_i}| \leqslant e$$

这是一个可行的方法。

(2) 拆分变量，找出每个偏差

请注意，“拆分不等式”的方法不会在每个点上找到偏差。我们只是有一个所有偏差的界限，而且使界限最小化。如果我们想知道每个偏差，那么应该做什么？比如，最小化它们的和？

求每个偏差值的一种方法是为每个点引入两个非负变量 $(\overline{t_i}, \overline{f_i})$。我们称它们为 u_i 和 v_i，并引入下面的等式：

$$f(t_i) - u_i + v_i = \overline{f_i} \tag{3.3}$$

注意，由于新变量是非负的，所以每个等式中只有一个是非零的。这个非零变量等于偏差(也就是实验点和理论点的区别)。

这种“拆分变量”的方法比较普遍。如果我们想要最小化偏差的和，那么就要最小化所有 u_i 和 v_i 的和；如果我们想要最小化最大偏差，那么就要加上不等式：

$$u_i \leqslant e$$

$$v_i \leqslant e$$

并最小化 e。

3.2.1.3　可执行模型

我们将上述转换为程序清单 3-3 所示的可执行模型。假设我们从命名为 D 的元组$(\overline{t_i},\overline{f_i})$中获得数据，以及所需多项式的次数和最小距离的指示器（和为 0，最大值为 1）。

程序清单 3-3　多项式曲线拟合模型（curve fit. py）

```
1   def solve_model(D,deg = 1,objective = 0):
2       s,n = newSolver('Polynomialufitting'),len(D)
3       b = s.infinity()
4       a = [s.NumVar( - b,b,'a[ % i]' % i) for i in range(1 + deg)]
5       u = [s.NumVar(0,b,'u[ % i]' % i) for i in range(n)]
6       v = [s.NumVar(0,b,'v[ % i]' % i) for i in range(n)]
7       e = s.NumVar(0,b,'e')
8       for i in range(n):
9           s.Add(D[i][1] = = u[i] - v[i] + sum(a[j] * D[i][0] * * j \
10                                          for j in range(1 + deg)))
11      for i in range(n):
12          s.Add(u[i] <= e)
13          s.Add(v[i] <= e)
14      if objective:
15          Cost = e
16      else:
17          Cost = sum(u[i] + v[i] for i in range(n))
18      s.Minimize(Cost)
19      rc = s.Solve()
20      return rc,ObjVal(s),SolVal(a)
```

第 4 行定义了真实的决策变量，即多项式的系数。由于我们不能轻易地设置系数的界限，所以此处使用了无穷大。第 5 行和第 6 行定义了数据点之间的偏差和相应的理论值。第 8 行对应公式（3.3）。然后我们约束第 11 行的偏差，通过第 7 行定义的最大化错误变量完成。

最后一个要素是目标函数的选择。用户可以选择将最大的偏差最小化，如第 15 行所示，或者将偏差相加求和，见第 17 行。这些分别在表 3-9 中显示，对应变量 e_i^{max} 和 e_i^{sum} 。

表 3-9 曲线拟合问题的最优解

t_i	f_i	$f_{sum}(t_i)$	e_i^{sum}	$f_{max}(t_i)$	e_i^{max}
0.158 4	0.094 6	−0.438 2	0.532 8	−12.406 3	12.500 8
0.845 4	0.268 9	0.342 1	0.073 1	−8.325 1	8.594
2.101 7	5.828 5	5.828 5	0.0	2.092 4	3.736 2
3.196 6	14.889 8	14.889 8	0.0	14.285	0.604 7
4.056	25.613 4	24.795 1	0.818 4	25.887 9	0.274 4
4.993 1	38.395 2	38.395 2	0.0	40.576 6	2.181 4
5.857 4	43.506 5	53.526 9	10.020 4	56.007 3	12.500 8
7.147 4	91.371 5	80.731 1	10.640 3	82.399 5	8.972
8.185 9	119.075	106.654 7	12.420 3	106.574 2	12.500 8
9.034 9	115.773 7	130.510 2	14.736 5	128.274 5	12.500 8

数据点及两种解决方案(一种用于最小化最大偏差,另一种用于最小化偏差之和)如图 3-5 所示。

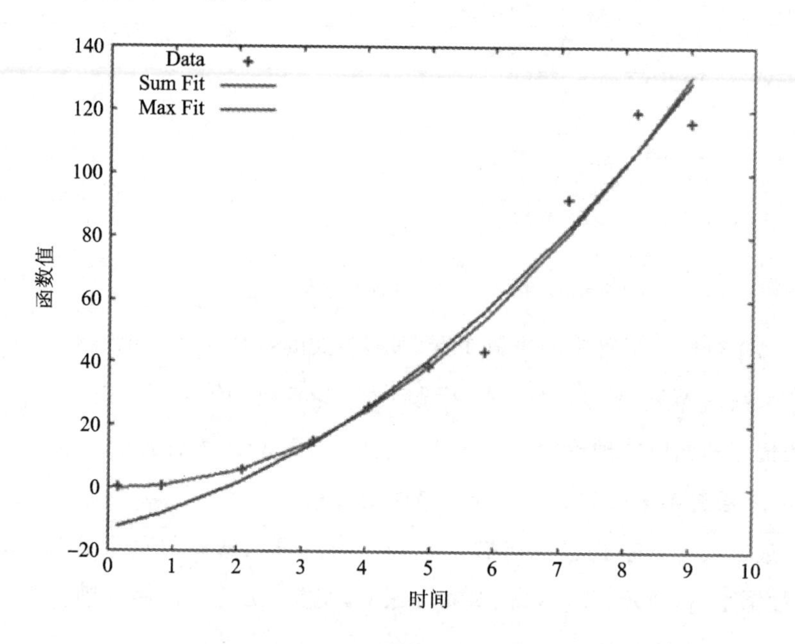

图 3-5 数据和拟合曲线

3.2.2　变化量

上述是实践中一个非常有用的技术特例，就是所谓的软约束处理。我们常常希望一个等式得到满足，但又知道它不太可能被满足。这样的例子数不胜数。比如，构建一个调度程序系统模型，用于生成学生在学校的课程安排。我们用一种明智的方式收集学生的课程选择和空闲日期（比如星期五我工作，所以不上课；或者，我晚上工作，白天上课）。通过这些数据，我们希望能构建适合所有学生的课程安排。

不幸的是，满足所有学生需求的课程安排不太可行，希望最好的结果是尽可能多地满足学生的要求。这些要求就变成了软约束，技术上与前面提到的类似：我们引入新变量（如上面的 u_i 和 v_i）来测量理想的距离（求不满意的学生数量）并最小化这些变量的总和。

因此，我们的目标是满足如下公式：

$$a_1x_1+a_2x_2+\cdots+a_nx_n=b$$

但我们知道这不太可能，所以我们改为

$$a_1x_1+a_2x_2+\cdots+a_nx_n+u-v=b$$

这里 u 和 v 是非负的变量，然后我们将 $(u+v)$ 添加到目标函数中（假设这是一个最小化问题）。

注意，如果我们已经知道相对于右侧，左侧总是太高或太低，那么我们可能只需要 u 和 v 中的一个，只有当它可以在两个方向上偏离时我们才需要它们，就像我们的曲线拟合示例一样。

3.3 重新审视模式分类

回顾本书 2.5 节的分类模型：给定两组数据点，由专家识别良性和恶性细胞，我们获得了一个分离的超平面，该超平面将新数据分类到一个或另一个集合中来模仿专家。最初的方法存在一个缺点，就是我们不一定能通过任何定义找到“最佳”超平面，直至停止寻找。我们第一次的尝试结果如图 3-6 所示，其中一个恶性细胞恰好位于分离的超平面上。这也可能是一个良性细胞。

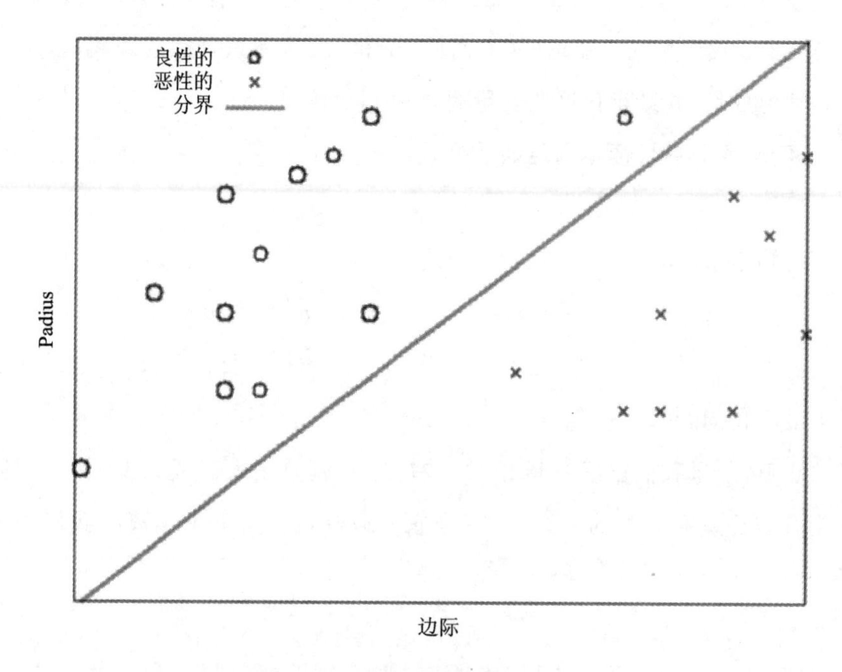

图 3-6　数据和分离最大化边际

因此,分类的人倾向于选择一个能最大限度地分离这两个集合的超平面。也就是说,从一个集合到另一个集合的距离相等。假设训练集选择得当,这可能会在以后最大程度地减少分类错误。

实现这种最大分离的一种方法是使从训练集到分离超平面的最小距离最大化。这就是所谓的边际最大化,我们现在用工具来实现这个最大化。假设我们已经运行了之前的分类模型,并且知道这两个集合可以通过超平面 $\sum a_j x_j = a_0$ 进行分离。现在,我们想要得到最好的分离。

如何计算点 $\overline{x}$ 到超平面 $\sum a_j x_j = a_0$ 的距离呢?可采用如下公式:

$$\frac{\left|\sum a_j \overline{x_j} - a_0\right|}{\sqrt{\sum a_j^2}}$$

由于我们希望在所有数据点上使这个值的最小值最大化,而又不需要实际值,所以分母是无关紧要的。我们也可以简单地考虑分子,这是一个偶然的条件,因为我们还不能处理一般的非线性函数。该分子是绝对值,因此,我们将使用双重正变量为每个数据点 $\overline{x}$ 介绍三重约束。

$$\sum a_j \overline{x_j} - u + l = a_0$$

$$e \leqslant u$$

$$e \leqslant l$$

式中,第一个约束条件将迫使 u 或 l 测量距离公式中分子的值。这两个不等式都将变量 e 设为下限。我们只需要最大化 e 的值即可实现我们的目标。

可执行模型

转换到可执行模型的过程如程序清单 3-4 所示。第 4～7 行定义了新的正向变量,从而保证每个数据点都指向分离的超平面的距离。第 8 行同前一样,是我们要找的超平面的系数。其余的模型与我们之前的分类模型相同，只是在第 12 行和第 17 行分别增加了距离约束，并在其上建立了下界 e。目标函数是使下界向上，使最小距离最大化。

程序清单 3-4　边际最大化(margin.py)

```
1   def solve_margins_classification(A,B):
2       n,ma,mb = len(A[0]),len(A),len(B)
3       s = newSolver('Classification')
4       ua = [s.NumVar(0,99,'') for _ in range(ma)]
5       la = [s.NumVar(0,99,'') for _ in range(ma)]
6       ub = [s.NumVar(0,99,'') for _ in range(mb)]
7       lb = [s.NumVar(0,99,'') for _ in range(mb)]
8       a = [s.NumVar(-99,99,'') for _ in range(n+1)]
9       e = s.NumVar(-99,99,'')
10      for i in range(ma):
11          s.Add(0 >= a[n] + 1 - s.Sum(a[j] * A[i][j] for j in range(n)))
12          s.Add(a[n] == s.Sum(a[j] * A[i][j] - ua[i] + la[i]for j in range
                    (n)))
13          s.Add(e <= ua[i])
14          s.Add(e <= la[i])
15      for i in range(mb):
16          s.Add(0 >= s.Sum(a[j] * B[i][j] for j in range(n)) - a[n] + 1 )
17          s.Add(a[n] == s.Sum(a[j] * B[i][j] - ub[i] + lb[i]for j in range(n)))
18          s.Add(e <= ub[i])
19          s.Add(e <= lb[i])
20      s.Maximize(e)
21      rc = s.Solve()
22      return rc,SolVal(a)
```

在与 2.5 节相同的数据集上，该结果显示了新改进的分离超平面，它与恶性集和良性集中最近的点距离相等，这是我们所希望的最好的分离。但是要注意：这只是和训练集一样好，如果训练集有任何偏差，那么分离也会有偏差。

第 4 章 线性网络模型

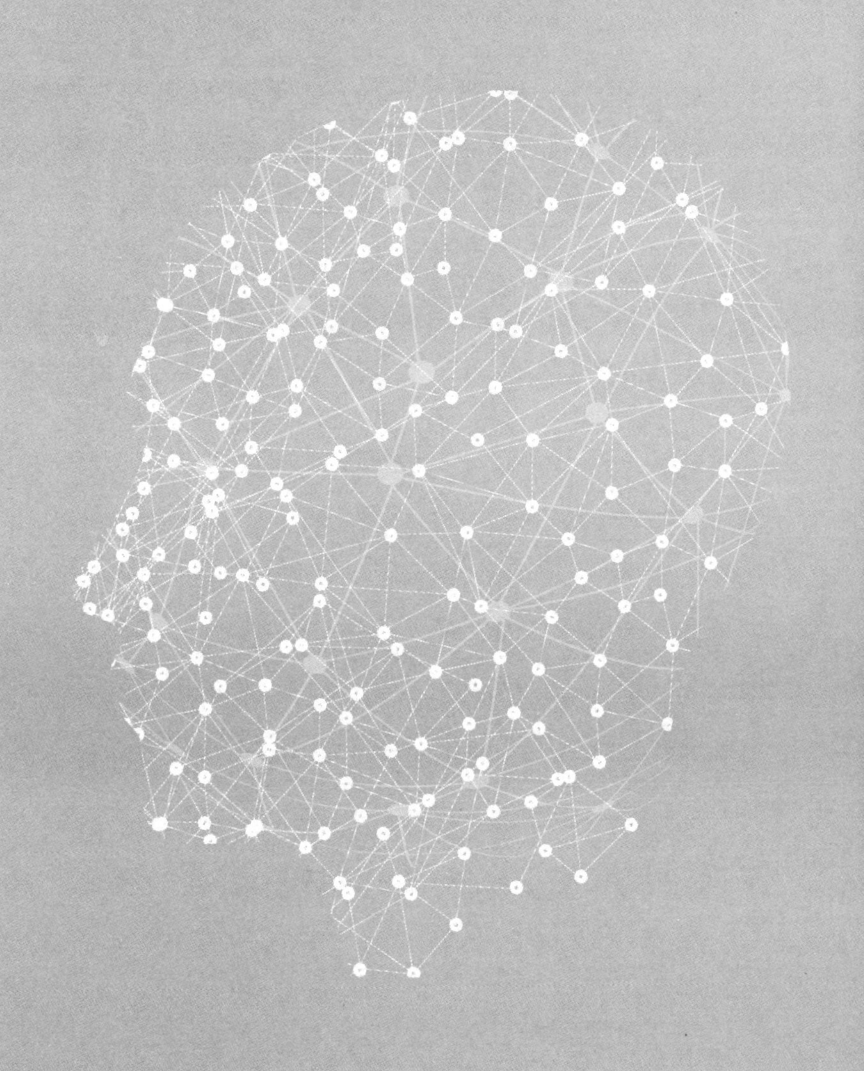

六度分隔理论。

与多年的公共教育相比,这种文化基因链以及它所产生的戏剧、电影和游戏更能将网络理论的元素介绍给普通大众。电影爱好者在玩凯文·培根(Kevin Bacon)游戏的时候,试图通过和凯文·培根一起参演的电影将两位演员联系起来。即使数学家共同撰写的论文数量与著名的保罗·埃尔多斯[1]共同撰写的论文数量相差较远,但是,当数学家们有一篇相关论文的时候,他们也会骄傲地宣布埃尔多斯论文的数量。在本章中,网络将在可视化方面起着至关重要的作用。

网络由节点(这里的例子中指人)和弧(表示存在关系)组成。这是数学家们几百年前发明的一种用来模拟情况[2]和解决问题的工具。我们将使用网络来帮助构建优化模型。从某种意义上来说,此时需要进行元建模。

基于网络的优化模型通常与结构描述共享一个有趣的特性,即如果输入的数据都是整数,那么就有一个完整的最优解。除此之外,解释器也能找到这个最优解。这个允许对可数项(人、卡车、数据包)及可测量项(金钱、时间、水)进行建模的属性是非常有用的。

意识到建模中完整性的重要程度是很有必要的。让我们一起来探讨一个涉及航天飞机飞行的复杂问题。航天飞机在飞行过程中,面临着重量、燃料量、氧气量以及在轨道上要完成的工作等在内的成千上万的变量和限制。如果有这样一个问题:航天飞机能载多少宇航员?"两名半的宇航员"作为最佳答案,NASA(或SpaceX)不太可能接受。

重要的是,必须放弃四舍五入这个诱人但错误的变通方法。在这个问题中,四舍五入方法几乎没有任何帮助。如果四舍五入一个分数解,可能会违反许多(甚至所有)的约束条件。将航天飞机实例的解决方案和重置约束集合起来可能会阻止发射、向下旋转,并且宇航员可能无法完成所要求的任

① www.oakland.edu/enp/。

② 这种模型的第一个例子通常归因于欧拉。

务。平心而论，有些问题可以进行四舍五入，但是这些问题要么很无聊，要么解决方案很明显，或者两者兼而有之。

4.1 最大流量

与网络相关的问题通常具有这样一种结构，即可以“免费”保证解决方案的完整性。除了认识到问题属于哪个特殊类别之外，其他什么事情都做不了。本节的目标是对于这种特殊结构的问题进行识别和建模，典型的案例是网络最大流量(maxflow)问题。在这个问题中，一些物质在有容量的通道上从某些来源流向其目的地，并试图将流量最大化。

流动的物体不一定是物质，如水、油，甚至电，它可以是通过光纤电缆网络传输数据包。例如，想象一下，假设您正在尝试确定可以从服务器向浏览器发送许多并发视频的流量。线性网络模型出现在最大流量问题中显然就非常适合。

为了抽象地考虑这个最简单的问题，假设存在一个如图 4－1 所示的网络，网络中的每个弧都具有指定的容量，并且正试图尽可能多地从标记源点(－S)发送信息至接收终点(－T)。

4.1.1 构建模型

在这个问题中，需要知道从源点到终点的传输量，以及通过网络的弧线。

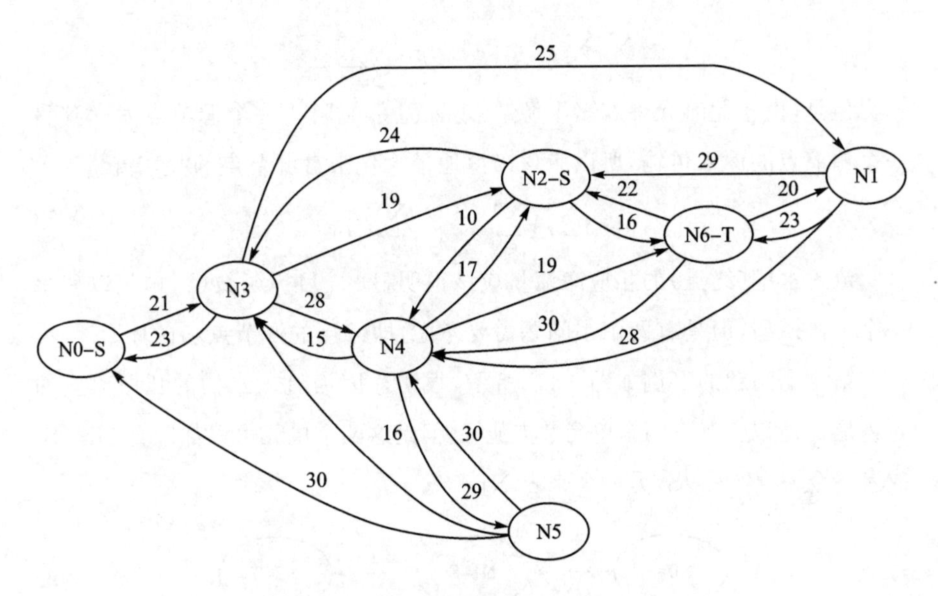

图 4－1　网络流量问题实例的可视化表示

4.1.2　决策变量

回答决策变量问题最简单、最自然的方法是引入二维变量。第一个维度表示源节点，第二个维度表示目标节点，变量的值是在两者之间的弧上流动的物质的量，或者

$$x_{i,j} \quad \forall i \in N, \forall j \in N$$

例如，当 $x_{2,3}=35$ 时，它表示应该从节点 2 传输 35 个单位的物质的量到节点 3。

4.1.2.1　目　标

我们的目标是最大限度地增加从源节点流向水槽（目标节点）的流量。所以源节点的流量和（集合 S）或者目标节点的流量和（集合 T）都将工作，这囊括了这些目标函数中的所有值。

$$\max\sum_{i\in s}\sum_{j\in N}x_{i,j} \quad 或 \quad \max\sum_{j\in T}\sum_{i\in N}x_{i,j}$$

但是，由于此时允许有多个源节点，而且不能阻止一个源节点发送到另一个源节点的深入传输，所以应该谨慎地最大化来自源节点的“净”流量。

$$\max\sum_{i\in s}\left(\sum_{j\in N}x_{i,j}-\sum_{j\in N}x_{j,i}\right) \tag{4.1}$$

流入水槽（终点）的相应净流量应该很明显[①]。目标函数(4.1)足以获得一个工作模型，但是有两个小问题需要考虑，即链接的源节点和循环。

第一个问题的案例如图 4－2 所示，很明显因为流入水槽的弧所对应的容量是 2，所以正好有两个单元节点流入，但是这两个单元可以都来自 N1－S，或者一个来自 N0－S，另一个来自 N1－S。

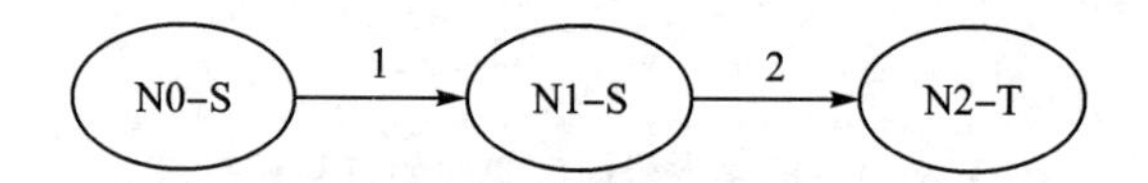

图 4－2 有问题的源链接

第二个问题发生在源节点循环的时候。首先，给定这个循环中的任意流 f，如果这个流没有循环中的容量大，那么还有另一个具有完全相同目标值的流 $f+1$。如图 4－3 所示，最优解可以通过中间节点从源节点向目标节点发送 10 个单元的流量，或者最多从源节点向目标节点发送 20 个单元的流量，最多从中间节点流回源节点 10 个单元的流量。

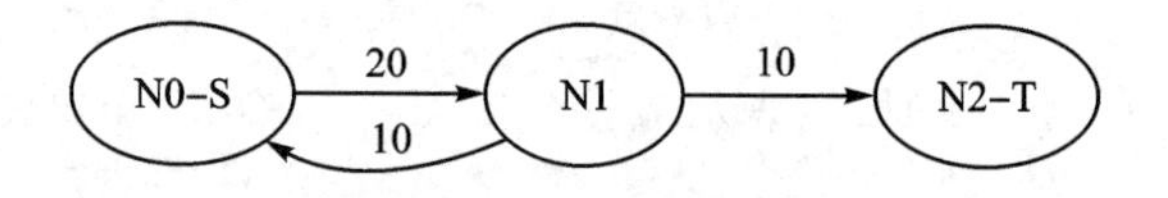

图 4－3 有问题的循环

这两个案例说明了最优解会有多个，并且它们具有完全相同的最佳值。对于任何应用程序来说，这种多样的最优解代表了一种几乎没有可能性的

① 注意，可能存在一些应用程序，其中流出源的流量是最大化的，并且没有考虑流入的流量。

特征。它很可能会被认为是这样一个问题：如果两个不同的解决程序或同一个解释器的两种不同的运行返回了两个不同的流，那么如何确保解释器始终返回相同的流呢？

我们可以决定，在所有最优流中，想要流入源节点的流量越少越好。这是一个双重的目标，需要保证流出源的净流量最大化，流入源的流量最小化。这种双重目标或更普遍的多重目标概念，在实践中经常出现，其原因是：需要根据第一个准则确定多个最优解，根据第二个准则在多个最优解中确定唯一的最优解。

因为需要最大化一个物体，同时最小化另一个物体，所以需要另一个反转的技巧，其公式如下：

$$\max f(x) \Leftrightarrow \min - f(x)$$

此时总是可以用最大化问题来代替最小化问题，反之亦然。现在增加两个目标：一是最大化净流量，如公式(4.1)所示；二是让流入的流量最小化，或者最大化 $-\sum_{i \in S}\sum_{j \in N} x_{j,i}$。简化之后，公式如下：

$$\max \sum_{i \in s}\left(\sum_{j \in N} x_{i,j} - 2\sum_{j \in N} x_{j,i}\right) \tag{4.2}$$

在链接示例中，将最大化 $x_{0,1} + x_{1,2} - 2x_{0,1}$ 或者 $x_{1,2} - x_{0,1}$，这将形成一个解决方案，所有流将从 N1 - S 出发。在循环的示例中，将产生 $x_{0,1} + x_{1,2} - x_{0,1}$，这将保证没有流返回源节点并且它流出了 10 个单位。

4.1.2.2　约　束

唯一的约束类型是流的守恒：对于既不是源节点也不是目标节点的，无论流入的流是什么，都必须要有流出。其公式如下：

$$\sum_{j \in N} x_{i,j} = \sum_{j \in N} x_{j,i} \quad \forall i \in N \backslash \{S \cup T\} \tag{4.3}$$

由于目标函数将迫使流从源节点流出，或者等效地迫使其流入目标节点，因此流的守恒将让物质从源节点到目标节点。

4.1.2.3 可执行模型

该步骤将转换为一个可执行模型。为了使通用的模型足以解决此类问题,假设输入一个名为 C 的二维数组,按节点索引包含两个节点之间的圆弧容量。假设一个源节点 S 和一个目标节点 T 的数组。

为了使目标函数的选择具有一定的灵活性,并说明多个最优解的出现,添加了最后一个参数 unique。如果该参数设置为 True,则该模型将执行目标函数公式(4.2),目标函数将最大化净流量,同时最小化流入源节点的流量;如果该参数设置为 False,则该模型会简单地将流出源节点的流量最大化。详见程序清单 4-1。

程序清单 4-1　最大流量模型(maxflow.py)

```
1   def solve_model(C,S,T,unique = True):
2       s,n = newSolver('Maximumuflowuproblem'),len(C)
3       x = [[s.NumVar(0,C[i][j],'')for j in range(n)] for i in range(n)]
4       B = sum(C[i][j] for i in range(n) for j in range(n))
5       Flowout,Flowin = s.NumVar(0,B,''),s.NumVar(0,B,'')
6       for i in range(n):
7       if i not in S and i not in T:
8           s.Add(sum(x[i][j] for j in range(n)) == \
9           sum(x[j][i] for j in range(n)))
10      s.Add(Flowout == s.Sum(x[i][j] for i in S for j in range(n)))
11      s.Add(Flowin == s.Sum(x[j][i] for i in S for j in range(n)))
12      s.Maximize(Flowout - 2 * Flowin if unique else Flowout - Flowin)
13      rc = s.Solve()
14      return rc,SolVal(Flowout),SolVal(Flowin),SolVal(x)
```

第 3 行代码定义了二维变量 x,其中第一个索引指定源节点,第二个索引指定目的节点。

第 9 行代码确保在既不是源节点也不是目标节点之间跨节点流动。

第 12 行代码通过目标函数计算总流量,并指出应该的最大化数量。

返回流出源节点的总流量和流入源节点的总流量，模型的输出如表4-1和表4-2所列，其中每一个输出都对应一个False和True的唯一值。

表4-1　最大净流量的最优解

71-13	N0-S	N1	N2-S	N3	N4	N5	N6-T
N0-3				21.0			
N1							23.0
N2-S				24.0	10.0		16.0
N3		23.0	13.0		9.0		
N4							19.0
N5							
N6-T							

表4-2　最大净流量和最小流入量的最优解

58-0	N0-S	N1	N2-S	N3	N4	N5	N6-T
N0-3				8.0			
N1							23.0
N2-S				24.0	10.0		16.0
N3		23.0			9.0		
N4							19.0
N5							
N6-T							

有趣的现象是：所有的解都是整数，但并没有加强任何一个完整性约束，这是两个因素结果。首先是问题的结构，它保证了如果有一个最优解，就有一个积分解[①]。其次，所有解释器的求解技术要么只考虑整数解（简单

① 有理论基础的读者可以研究“整体单一模块性”。

的解释器),要么在返回调用方之前从分数解移动到整数解(内部点的解释器)。本书鼓励读者调整数字以验证这个问题是否可行,以及解释器是否能得到一个完整的解。

4.1.3 变化量

一个有用的应用是对分配问题建模。它们有多种形式,其中之一是:假设我们有一定数量的某种工作者(他们可以是人、机器或计算机的内核)和一定数量的工作要完成(如要提交的文件、要构建的小部件或要执行的程序)。我们构建了一个网络,其中源节点是由一个指向每个工作者的单位容量弧线连接起来的。这些工作者通过弧线连接到作业节点,即目标节点,但只有他们有足够的能力去执行给定的任务。从最大程度地完成任务的意义上讲,最大化流将使工作者分配到最佳工作岗位。我们通过观察工作人员与工作之间具有非零流的弧线来检查工作,如图 4-4 所示。

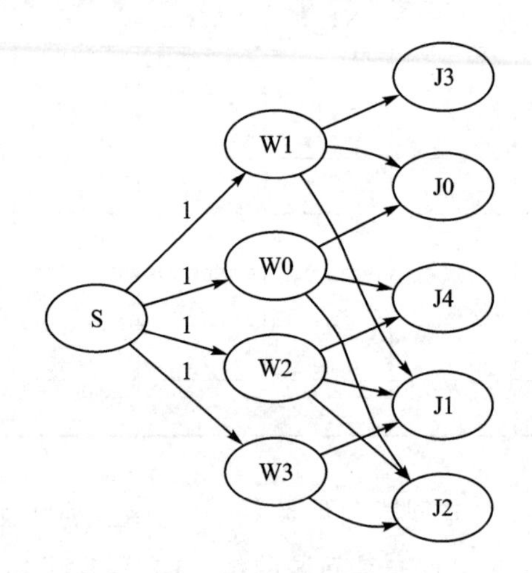

图 4-4 分配工人作业

4.2 最小成本流

在第二类问题中,“免费”的完整性解决方案是最小成本流问题(min-cost)。

下面是一个典型的案例。Solar-1138公司拥有一组清洁能源电厂,以满足多个城市的需求。每个电厂都有一个最大发电容量值,因此可以提供的电量有限,单位是千瓦·时(kW·h)。每个城市都有一个用电高峰,并且所有城市的用电高峰时间大致相同。因此,峰值用电需求之和就是发电厂应有的电容量。从发电厂向城市输送1 kW·h的电力成本是根据发电厂、城市、运输基础设施和发电厂与城市之间的距离而变化的。该成本可以从发电量、电厂和输电线的维护计算得出。

表4-3列出了发电厂与城市之间的配电成本,每一条都是以1小时配送1 kW电的花费(单位为美元)。各发电厂的最大供给量和各城市的最大需求以kW·h为单位。

表4-3 配电成本样本

From/To	City 0	City 1	City 2	City 3	City 4	City 5	City 6	供 给
Plant 0	23		19	25	14		22	551
Plant 1	16			20	23	13	23	689
Plant 2	22	18	11		20	13	24	634
需 求	288	234	236	231	247	262	281	

接下来需要回答的问题是:每个发电厂向每个城市应该输送多少电力才能满足高峰需求,同时又能将成本降到最低呢?

4.2.1 构建模型

在这个案例中，需要决定的问题是每个发电厂对每个城市的配电量。它可能存在以下情况：一个发电厂不向任何城市送电，或者向一些城市送电，或者向所有的城市都送电，此时需要一种方法来表明这一点。以图 4－5 中所示的二分曲线[①]为例，其顶部的节点（用椭圆框表示）表示发电厂，底部的节点（用椭圆框表示）表示城市，弧线（即箭头线）表示输电线，弧线上标注了输电线输送电力的成本。

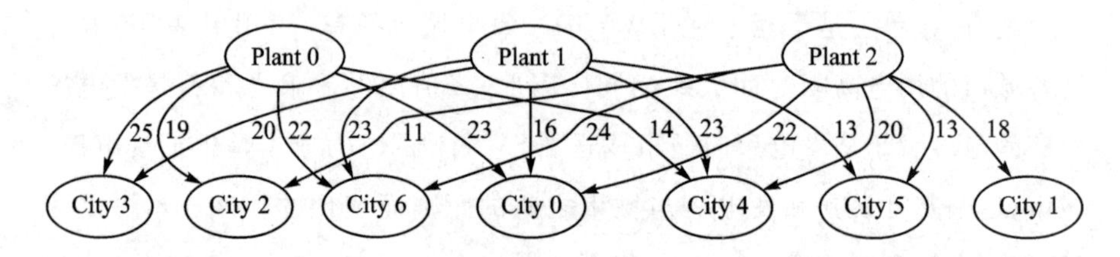

图 4－5 所需的方法说明

4.2.1.1 决策变量

在脑海中有这样一幅图片之后，解决这个问题的方法就变了。对于每一对发电厂和城市来说，发电厂需向城市提供电量。最简单、最自然的方法就是引入一个二维变量，第一个维度表示起点（发电厂集合 P 中的发电厂），第二个维度表示目的地（城市集合 C 中的城市），或者定义为

$$x_{i,j} \quad \forall i \in P, \forall j \in C$$

举个例子，如果 $x_{2,3}=35$，则表示发电厂 2 向城市 3 输送 35 kW・h 的电量。

您会看到许多的多维变量，它们都是每对发电厂和城市组合后的变量

① “二分”意味着在顶部节点之间或底部节点之间永远不会有任何弧线。您将在下一节中看到一个更普遍的问题。

简略符号。因此，如果存在3个发电厂和4个城市，实际上是在引入3×4=12个决策变量。这在一定程度上浪费了内存，因为每个发电厂和每个城市之间并不总是有路径的。接着将介绍如何避免这样的问题。

4.2.1.2　目　标

目标是将配电成本降低到最低。为此，需要引入一个成本参数。假设$C_{i,j}$完全与决策变量相同，因此目标函数将变为

$$\min\sum_{i}\sum_{j}C_{i,j}x_{i,j} \tag{4.4}$$

4.2.1.3　约　束

这里有两种密切相关的约束——供给和需求。为了介绍它们，引入了参数$S_i, i\in P$和$S_j, j\in C$，它们分别表示发电厂i的供给和城市j的需求。

每个发电厂都有最大的生产能力，需要遵循这个最大值。因此，对于每个发电厂，必须通过可用性约束限制该工厂的配电量之和，如：

$$\sum_{j}x_{i,j}\leqslant S_i \quad \forall i\in P$$

需要注意，该不等式不是强迫求最大配电量，而是计算最大供给能力。城市的需求都是相似的，只是它们必须得到满足，因此约束条件如下：

$$\sum_{i}x_{i,j}=D_j \quad \forall j\in C$$

这里是一个等式约束，如果建立的模型存在错误并且设置了一个不等式，比如“⩽”，那么最优解将为零；另外，还可以使用“⩾”，这种情况结果将不会改变，因为总成本最小化了。

4.2.1.4　可执行模型

接下来是将其转换为可执行的模型。为了使模型具有足够的通用性以解决所有此类问题，假设成本、需求和供给能力都由一个D的二维数组表示，如表4-3所列，空位表示发电厂和城市之间没有输电线。

除“发电厂”和“城市”以外，还可以将表4-3中的每一行看作生产者，每一列看作消费者，最后一行代表需求，最后一列代表供给。生产者和消费者

之间交换的“产品”可以是任何东西，不仅仅是能够被除尽的数量，比如千瓦·时或几升水，还可以是卡车、鲜花、数据包或人。最优解永远不会包含分数。详见程序清单 4-2。

程序清单 4-2　电量分配模型(mincost.py)

```
1   def solve_model(D):
2       s = newSolver('Mincostuflowuproblem')
3       m,n = len(D)-1,len(D[0])-1
4       B = sum([D[-1][j] for j in range(n)])
5       G = [[s.NumVar(0,B if D[i][j] else 0,'') for j in range(n)] \
6           for i in range(m)]
7       for i in range(m):
8           s.Add(D[i][-1] >= sum(G[i][j] for j in range(n)))
9       for j in range(n):
10          s.Add(D[-1][j] == sum(G[i][j] for i in range(m)))
11      Cost = s.Sum(G[i][j] * D[i][j] for i in range(m)for j in range(n))
12      s.Minimize(Cost)
13      rc = s.Solve()
14      return rc,ObjVal(s),SolVal(G)
```

第 6 行代码定义了一个二维变量，其中第一个变量指标指生产者，第二个变量指标指使用者。众所周知，如果一对特定的生产者和消费者之间没有联系，即联系为零，则使用它将变量的范围缩小为零。一个好的解算方法，在开始任何工作之前，都要使用这个信息来消除这些变量。

第 8 行代码确保了供给不超过每个发电厂的生产能力，同时第 10 行代码确保了高峰需求得到满足。

第 11 行定义的目标函数将计算总成本，表示我们应该将该数量最小化。

该模型的输出如表 4-4 所列，读者可以验证总列数是否低于每个发电厂可以生产的最大值，而总行数恰好是每个消费者所需的峰值需求。

表4-4　配电问题的最优解

From/To	City 0	City 1	City 2	City 3	City 4	City 5	City 6	合　计
Plant 0					247		281	528
Plant 1	288			231		170		689
Plant 2		234	236			92		562
合　计	288	234	236	231	247	262	281	

这里还有一个有趣的现象：所有的解都是整数，但没有强加任何完整性约束。

4.2.2　变化量

最简单的变化是在弧线上有容量。然后，还要确保没有流量超过该容量。假设在阵列 A 里有容量，那么这只是一个添加形式约束的问题。

$$x_{i,j} \leqslant A_{i,j} \quad \forall i \in P, \forall j \in C$$

一个有趣的变化是关于资源分布。例如，为了将风险降到最低，我们可能不想满足某一来源的部分需求。假设我们认为任何一个城市的需求都不可能在一个单一的来源超过60%的情况下得到满足，那么我们可以在形式上增加一个约束：

$$x_{i,j} \leqslant 0.6D_j \quad \forall i \in P, \forall j \in C$$

鼓励读者添加此约束，注意最优值不会像没有约束时那样低。此外，解可能不再是一个整数。这个简单的附加约束破坏了保证整数的属性。所以我们必须声明决策变量是整数(随之增加的复杂性和解决时间)，以保证它是一个整数解。

与物质的流动不同，这个问题有时表现为一个分配问题：给定一组拥有特定技能和按小时计算工资的工人，再给定一组工作，您会分配给哪个工人以使成本最小化？

例如,有一家咨询公司,它在不同的城市有三个团队,并且在不同的站点有三个顾客。不同的团队和客户站点,旅行费用就会不同,我们希望尽量减少总旅行费用。在这种情况下,需求和供给是简单的,因为我们希望每个客户站点都有一个团队,并为每个团队分配给一个客户,如表 4 - 5 所列。

表 4 - 5　需求说明

	Customer 0	Customer 1	Customer 2	供　给
Team 0	25	30	20	1
Team 1	20	15	35	1
Team 2	18	19	28	1
需　求	1	1	1	

4.3 转　运

一个可以被建模为网络流问题的更普通的类型问题是转运问题。该问题的特点是在一组节点中,每两个节点之间的传输都需要传输成本;节点的一个子集是供应商,另一个子集是消费者。剩下的节点可以用来运输物料,但既不生产也不消耗,因此就产生了“转运”这个名字。

例如,表 4 - 6 包含了每对节点之间的传输成本,空白表示两个节点之间没有路径,最后一列表示节点可以产生的数量(如果存在这个值),最后一行表示每个节点的需求量(如果存在这个值)。注意,需求量之和应该与供应量之和相同,否则建模就变得不可行了。

表 4-6　网络转运配送成本示例

From/To	N0	N1	N2	N3	N4	N5	N6	N7	供　给
N0				7	17	10	19		
N1	23			28		23			
N2	29				30	25	25		680
N3					17	15	19	29	
N4		16							
N5	22				25			18	540
N6	25	29	16			22			
N7			30		10		27		
需　求	241			164	239		152	424	

转运问题通常如图 4-6 所示，与表 4-6 中的数据相对应，其中箭头标

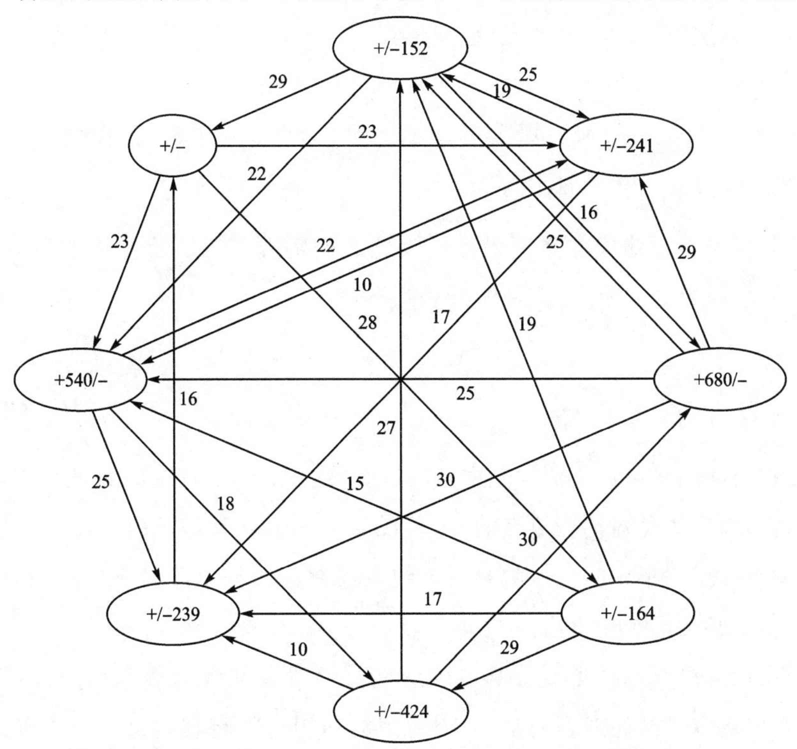

图 4-6　以图形方式查看转运示例

注了材料的运输成本，节点包含一个正数，表示供应值，或包含一个负数，表示需求值。

请注意，这里讲述的是普通最小成本流问题，因为任何两个节点之间可能存在弧，这意味着，源节点可以接收流经网络的任何产品，将其添加到生产中，并将结果发送到另一个节点，无论是消费者节点还是转运节点。

4.3.1 构建模型

在该问题上，我们需要决定的是，从每一个有积极需求的节点向每个节点提供的物料数量。最简单、最自然的建模方法是引入一个二维变量，第一个维度表示原点，第二个维度表示目的地，变量本身将包含要发送的数量。假设 N 是要得到的一组节点，它满足：

$$x_{i,j} \quad \forall i \in N, \forall j \in N$$

例如，如果 $x_{2,3}=35$，那么它的意思是从节点 2 发送 35 个单元到节点 3。

4.3.1.1 目　标

目标是将运输成本降至最低。为此我们需要引入一个成本参数，假设 $C_{i,j}$ 为决策变量。因此，该目标表达如下：

$$\min \sum_i \sum_j C_{i,j} x_{i,j}$$

4.3.1.2 约　束

在前面的最小成本流问题中，存在两个约束：一个是流出的生产值等于供给值，另一个是对消费节点的约束，说明流入值等于需求值。在这里使用这些约束时，除了中间节点的第三个约束没有任何需求或供应价值，其他的流入值都必须等于流出值。

虽然可以对每种类型的节点（生产者、消费者和中间节点）进行不同的处理，但更容易被注意到的是，一个适当的通用约束将容纳每一个节点。换句话说，流入节点（f_{in}）减去流出节点（f_{out}）的流量必须等于需求量（D）减去

供应量(S),公式如下:

$$f_{\text{in}} - f_{\text{out}} = D - S$$

注意,在纯流入或流出的情况下,方程简化为最小成本流模型中使用的约束:

$$-f_{\text{out}} = -S \quad \text{流入的特殊情况}$$

$$f_{\text{in}} = D \quad \text{流出的特殊情况}$$

假设 S_i 和 D_i 分别是节点 i 的供给和需求,牢记生产节点的需求是非零数,对于消耗节点,需求也是非零的,以及中间节点都是非零的。可以得到如下公式:

$$\sum_j x_{j,i} - \sum_j x_{i,j} = D_i - S_i \quad \forall i \in N \tag{4.5}$$

这种约束被称为流动约束的一般守恒,它是我们所需要的唯一约束,但它必须在每个节点中都得满足。

4.3.1.3 可执行模型

接下来是将其转换为可执行模型。为了使模型具有足够的通用性以解决所有此类问题,假设成本、需求和供给能力都是由一个D的二维数组给出的,如表4-6所列。每一项$\{i,j\}$表示从节点 i 到节点 j 的传输成本,最后一行表示需求,最后一列表示供给。具体参见程序清单4-3。

程序清单4-3 电量分配模型(mincost.py)

```
1   def solve_model(D):
2       s = newSolver('Transshipmentuproblem')
3       n = len(D[0]) - 1
4       B = sum([D[ - 1][j] for j in range(n)])
5       G = [[s.NumVar(0,B if D[i][j] else 0,'') \
6           for j in range(n)] for i in range(n)]
7       for i in range(n):
8           s.Add(D[i][ - 1] - D[ - 1][i] == \
9           sum(G[i][j] for j in range(n)) - sum(G[j][i]for j in range(n)))
10      Cost = s.Sum(G[i][j] * D[i][j] for i in range(n)for j in range(n))
```

```
11        s.Minimize(Cost)
12        rc = s.Solve()
13        return rc,ObjVal(s),SolVal(G)
```

第 6 行代码定义了二维变量，其中第一个变量是指生产者，第二个变量是指消费者。变量的范围从零到总需求或从零到零，以确保不使用不存在的路径，在数据 D 中，条目 i、j 没有成本，这表明 i 和 j 之间没有直接关系。

第 7 行对应公式(6.5)，是流量约束的广义守恒性质，第 10 行是计算总成本的目标函数，第 11 行表明该算法应该将数值降至最低。

模型的输出如表 4-7 所列，需要注意的是，即使没有完整地执行，解也是完整的。读取器可以验证给定节点的列减去行之差等于该节点的供求之差。对于那些接收到超过其需求量并重新划分多余量的节点，这比较有趣。即使是些非常小的问题，其解也不是很容易能猜测出来的。

表 4-7 转运问题的最优解

From/To	N0	N1	N2	N3	N4	N5	N6	N7	输 出
N0									
N1				164					164
N2	125				403		152		680
N3									
N4		164							164
N5	116							424	540
N6									
N7									
输 入	241	164		164	403		152	424	

4.3.2 变化量

一个可能的变化是在供需不平衡时产生的。可能在需求被满足的情况下，生产节点的最大生产能力超出了现有的能力。在这种情况下，这些节点必须单独处理，而不是用广义的流量约束守恒。这里需要指出，流出量减去流入量必须在供给范围内，比如：

$$\sum_{j} x_{i,j} - \sum_{j} x_{j,i} \leqslant S_i \quad \forall \{i \in N \mid S_i > 0\}$$

没有什么事情是因为成本最小化并满足需求而要改变，因此我们将得到一个最优解。

尽管相反的情况不太会出现，但也是有可能的。在这种情况下，我们必须分别对待需求节点，并确保流入量减去流出量在需求范围内。

另一个简单的变化是在弧线上标明生产能力，从而限制流过它们的数量。在这种情况下，需要附加约束，假设存在一个生产能力阵列 C 且满足如下表达式：

$$x_{i,j} \leqslant C_{i,j}$$

4.4　最快捷径

现在让我们考虑 Google 常面临的问题，因为经常会有人用谷歌地图寻找从点 A 到点 B 的路径，即最快捷问题(要么根据最短距离要么根据最短时间)。让人惊讶的是，作为网络流量问题，通过建模就可以很好地解决。

下面是抽象出来的具体的情况：给出一组点之间的二维距离数组，如表 4－8 所列。这称之为距离阵列。如果考虑到现实比例，它可能是城市之间成千上万的距离；如果考虑到路径海拔同时寻找一条自行车道，它可能是在城市街道交叉口之间花费的时间。除了距离数组之外，还可以得到一个起点和一个终点，但是如果没有它们，假设数组已经被排过序了，则需要从第一个点到最后一个点的路径。

该任务是在开始和结束之间找到点序列，以最小化数组中相应条目的总和。这就称为一条最快捷径，不论单位是什么。注意，我们并不是说唯一的最快捷径，因为它们可能有很多条路径具有相同的最短总距离。例如，如果能通过序列 0、3、2、5 计算所得，那么总距离将是 $M_{0,3}+M_{3,2}+M_{2,5}$ 的总和。

表 4-8　距离阵列的示例

	P0	P1	P2	P3	P4	P5	P6	P7	P8	P9	P10	P11	P12
P0		46	17	24	51								
P1	46				31	33		54					
P2		38			34	31			51				
P3	24				33			17	49	31			
P4	51					4			18	39	60		
P5	48				4		4	27		35	57	51	
P6				33	1						59		
P7		54	26		32	27	31			14	42	66	
P8			51	49	18	20	17	43			57	32	
P9					39	35		14			28		
P10					60							58	6
P11									32	61	58		56
P12									59			56	

4.4.1 构建模型

在这个问题上，需要决定从开始到结束的点的顺序，这是给定点（称为 P）的子集，以及遍历它们的顺序。该结果表明，最有效的方法是用点作为节点绘制一张图，并用距离作为弧线上的值。图上的一条路线对应原始图片上的一条路径。

初看这似乎不太自然，甚至可能不清楚如何构造一个决策变量来保存点的子集以及访问它们的顺序。这里有个窍门：对于图上的每一条弧线，都有一个决策变量，它将精确地接受两个值中的一个，如果不取这条弧线，它就是零。因此，

$$x_{i,j} \in [0,1] \quad \forall i \in P, \forall j \in P$$

继续探索 0、3、2、5 的样本路径，将在值为 1 处有决策变量 $x_{0,3}$、$x_{3,2}$ 和 $x_{2,5}$，在值为 0 处有所有其他弧线的变量。读者应该通过思考一个所有弧线都有一个容量为 1 的网络并看到它与其他流量问题的类比，从而选择一个整数解，其将是相邻弧序列上值为 1 的流量，而在所有其他的序列上为零。

此时的目标函数相对简单，假设距离阵列为 D，则计算公式如下：

$$\min \sum_i \sum_j D_{i,j} x_{i,j}$$

如何确保从起点到终点选择一个相邻的弧序列呢？通过将其建模为一个图的单元流，其中起点是一个值的来源，终点是一个值的结束。我们所需要的只是常用的流量守恒约束。

可执行模型详见程序清单 4－4。假设距离阵列 D 具有可选择的起点和终点，在本例中，使用现有的流量问题代码作为调用者，接着编写一个专用代码来帮助调用者得到一个有价值的答复。同时，作为建模者，他将思考如何把这个问题转换为图表中的流量，而调用者思考的却是最快捷径！总之，不要让不自然的决策变量成为负担，更不用说，如果有 100 万个点，会产生一万亿个决策变量，但从调用者的角度来看，解决方案可能只是这些变量中的一小部分。

程序清单 4－4　最快捷径模型(shortest_path.py)

```
1   def solve_model(D,Start = None, End = None):
2       s,n = newSolver('Shortestupathuproblem'),len(D)
3       if Start is None:
4           Start,End = 0,len(D) - 1
5       G = [[s.NumVar(0,1 if D[i][j] else 0,'') \
```

```
6            for j in range(n)] for i in range(n)]
7        for i in range(n):
8            if i == Start:
9                s.Add(1 == sum(G[Start][j] for j in range(n)))
10               s.Add(0 == sum(G[j][Start] for j in range(n)))
11           elif i == End:
12               s.Add(1 == sum(G[j][End] for j in range(n)))
13               s.Add(0 == sum(G[End][j] for j in range(n)))
14           else:
15               s.Add(sum(G[i][j] for j in range(n)) ==
16                   sum(G[j][i] for j in range(n)))
17           s.Minimize(s.Sum(G[i][j] * (0 if D[i][j] is None else D[i][j]) \
18               for i in range(n) for j in range(n)))
19       rc = s.Solve()
20       Path,Cost,Cumul,node = [Start],[0],[0],Start
21       while rc == 0 and node != End and len(Path)<n:
22           next = [i for i in range(n) if SolVal(G[node][i]) == 1][0]
23           Path.append(next)
24           Cost.append(D[node][next])
25           Cumul.append(Cumul[-1] + Cost[-1])
26           node = next
27       return rc,ObjVal(s),Path,Cost,Cumul
```

在第 3 行代码中，如果调用者没有指定任何节点，则将起始节点和结束节点设置为第一个和最后一个。第 6 行代码定义了决策变量，这里对范围应用了一个小技巧：如果距离阵列有一个零入口，则意味着两点之间没有路径。在这种情况下，给出一个范围[0,0]，它将强制这个变量为零。在其他情况下，范围将为[0,1]。注意，这个范围允许使用分数，但是在流问题约束的结构中，由于任何变量都不会有分数值，所以将它们设置为 0 或者 1。

在第 9 行和第 12 行代码中，将供应设置为一个起始节点，将需求设置为一个结束节点。在所有的其他节点(第 16 行代码)外，流守恒确保了所有输入都会输出，由此将产生一个由开始到结束的连续路径组成的解决方案。

第 18 行代码的目标函数与所有流问题示例都具有相同的结构：成本

（此处为距离）与所有弧的指标变量的乘积。

在解决了这个问题之后，开始处理其解决方案，比如向调用者返回一些比决策变量更小、可能更有意义的内容，包括一系列的跳跃，从一个点到另一个点，以及每个跳跃的距离。建模人员的工作是隐藏解决问题所需的技巧，并向调用者提供有意义的解决方案。表 4 - 9 中显示了与上述示例对应的解决方案。

表 4 - 9　最快捷径问题的最优解

点　数	0	3	7	9	10	12
距　离	0	24	17	14	28	6
累　计	0	24	41	55	83	89

4.4.2　选择算法

如果读者知道 Dijkstra 算法，那么他可能想知道为什么我们要为最快捷径创建一个线性规划模型，尤其是 Dijkstra 算法的快速实现可能更快。作为建模者，在现实生活中很少需要求解出最快捷径（或任何纯粹的东西）。对于教科书之外的绝大多数情况，核心问题可能是一条最快捷径，但必然会有多种额外的考虑，将这些考虑因素以附加约束的形式添加到一个基本的最快捷径线性规划中，这通常是一件简单的事情。相反，尝试修改 Dijkstra 算法的实现（假设我们甚至可以访问源代码）则可能会困难得多，如果可能的话。

4.4.3　变化量

① 我们可能不想要最小化距离之和，而是想要它们乘积的最小化。我们不能用线性解释器来乘以变量，但可以通过取距离的对数和最小化对数

的和来稍微变换一下问题。

② 或者我们可能对从开始到结束的最长路径很感兴趣。理论上讲，不可能所有情况都通过线性规划来解决[①]，但是阻碍理论的错误案例很少，并且可能不适用于当前的问题。另一种观点是有一大类网络可以找到最长路径。

最简单的转换是将最小化改为最大化，通过对距离阵列求反，可以得到最大值。但是，这样会存在重复节点；更糟的是，它可能导致一个无边界模型(无限循环)。这个问题是，"流"可以在一个循环中循环无数次。部分解决方案是添加约束以确保不超过一个流单元进入任何节点。在最小化情况下，这是一个多余的约束，但在最大化的情况下则不是。这样我们就摆脱了无限循环和重复节点。还有一个地下室问题，将在第 5 章 5.4 节中解释和处理这个问题。

在无周期有向图的案例中，最长路径很容易找到。在前面章节，您看到过这样一种情况(在这种情况下，这些路径是有意义的)：在第 2 章的 2.3.1 小节中，讨论了项目管理的关键路径。如果延迟，这些是任务的顺序将延迟至整个项目。注意，这些路径很少是唯一的，因此查找一个(或更糟的是)最长路径是错误的。接下来创建一个小函数，它将从项目管理模型的最佳解决方案开始，并使用最快捷径模型来提取关键路径。有关详细信息请参见程序清单 4-5。

程序清单 4-5　关键任务提取

```
1   def critical_tasks(D,t):
2       s = set([t[i] + D[i][1] \
3           for i in range(len(t))] + [t[i] for i in range(len(t))])
4       n,ix,start,end,times = len(s),0,min(s),max(s),{}
```

① 注意，如果我们能解最长路径，那么我们就能解哈密顿(Hamiltonian)路径。此外，线性程序可以在多项式时间内求解。因此，如果我们能通过 LP 解决最长路径问题，证明 P=NP，那么我们就可以从克莱数学研究所获得 100 万美元。

```
5        for e in s:
6            times[e] = ix
7            ix + = 1
8        M = [[0 for _ in range(n)] for _ in range(n)]
9        for i in range(len(t)):
10       M[times[t[i]]][times[t[i] + D[i][1]]] = - D[i][1]
11       rc,v,Path,Cost,Cumul = solve_model(M,times[start], times[end])
12       T = [i for i in range(len(t)) \
13           for time in Path if times[t[i] + D[i][1]] == time]
14       return rc, T
```

前几行是创建一个包含所有任务的开始和结束时间的集合，一旦将它们重命名为 0,1,2,…,$n-1$，那么它们将成为网络的节点。在第 9 行代码中，用每项任务持续时间的负值来创建距离阵列。每个任务从开始到结束都有一个条目。

然后我们称之为最快捷径模型，在本例中，它可以找到从最早时间到项目完成时间的最长路径。最后，提取在最长路径的一个节点上结束的所有任务。因为如果延迟，这些任务将扩展成最长的路径，所以这些任务都是关键的。

在表 2-8 中，运行上述代码可生成表 4-10。

表 4-10　项目管理关键任务举例

[0 1 2 6 7 9]

③ 我们可能对从一个开始节点到网络中其他每个节点的最快捷径树感兴趣。在这种情况下，可以运行最快捷径模型 $n-1$ 次，但是创建一个单独的模型是简单而有趣的，特别是我们能够以比 $n-1$ 路径列表更紧凑的形式返回解。程序清单 4-6 的思想是将起始节点设置为 $n-1$ 个供应（在第 8 行），将每个其他节点设置为一个需求（在第 12 行）。如果没有相应的弧或 $[0,n]$ 的范围，那么在第 5 行的决策变量每个都有一个空范围。这与之前的最快捷径代码形成了鲜明的对比，后者的范围最大为 1。我们需要这个放宽的范围，因为在给定路径上的最后一个弧之前，流不会是一个单位流，直到

最后这个弧在给定的路径上，也就是一个叶子上的弧线。

接着我们返回树中的弧列表以及它们的距离，如表 4 - 11 所列。最好的图形显示方式如图 4 - 7 所示。

程序清单 4 - 6　最快捷径树模型

```
1   def solve_tree_model(D,Start = None):
2       s,n = newSolver('Shortestupathsutreeuproblem'),len(D)
3       Start  =  0 if Start is None else Start
4       G = [[s.NumVar(0,0 if D[i][j] is None else min(n,D[i][j]),"")\
5       for j in range(n)] for i in range(n)]
6       for i in range(n):
7           if i == Start:
8               s.Add(n - 1  ==  sum(G[Start][j] for j in range(n)))
9               s.Add(0  ==  sum(G[j][Start] for j in range(n)))
10          else:
11              s.Add(sum(G[j][i] for j in range(n)) - \
12                     sum(G[i][j] for j in range(n)) == 1)
13      s.Minimize(s.Sum(G[i][j] * (0 if D[i][j] is None else D[i][j]) \
14          for i in range(n) for j in range(n)))
15      rc  =  s.Solve()
16      Tree  =  [[i,j, D[i][j]] for i in range(n) for j in range(n) \
16             if SolVal(G[i][j])>0]
17      return rc,ObjVal(s),Tree
```

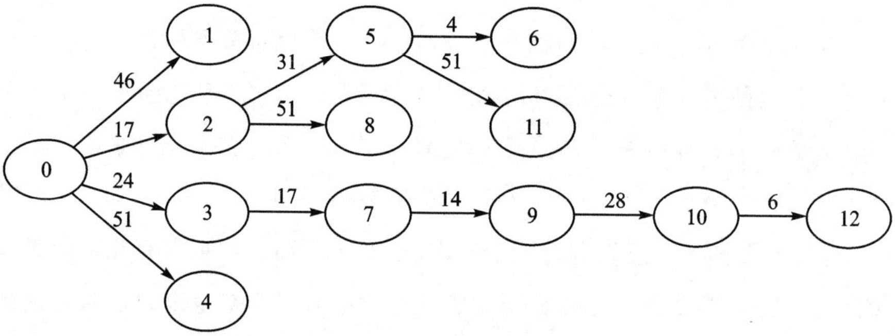

图 4 - 7　最快捷径树模型的解

表 4-11　最快捷径树模型问题的最优解

From	To	距　离	From	To	距　离
0	1	46	3	7	17
0	2	17	5	6	4
0	3	24	5	11	51
0	4	51	7	9	14
2	5	31	9	10	28
2	8	51	10	12	6

我们也可能对每对节点之间的最快捷径感兴趣。同样，如果读者精通组合算法，那么可能知道 Floyd-Warshall 算法，但出于同样的原因，创建了一个最快捷径模型，创建一个全对最快捷径模型或者重复使用当前的模型来查找所有对。稍后您将会看到一种只需几行代码就能实现的更好的方法，我们来编写一个全对函数(程序清单 4-7)。

为了避免运行 n_2 实例，使用最优性原则：如果 $P=(v_{i+1},v_{i+2},v_{i+3},\cdots,v_{i+k})$是最快捷径，那么 P 的每个子路径也是最快捷径。这是从第 11 行代码开始的循环中使用，以从给定的最快捷径中提取所有中间路径。

程序清单 4-7　全对最快捷径函数用于最快捷径模型

```
1   def solve_all_pairs(D):
2       n = len(D)
3       Costs = [[None if i != j else 0 for i in range(n)]\
4           for j in range(n)]
5       Paths = [[None for i in range(n)] for j in range(n)]
6       for start in range(n):
7           for end in range(n):
8               if start != end and Costs[start][end] is None:
9                   rc, Value, Path, Cost, Cumul = solve_model(D,start,end)
10                  if rc == 0:
11                      for k in range(len(Path) - 1):
12                          for l in range(k + 1,len(Path)):
13                              if Costs[Path[k]][Path[l]] is None:
```

```
14                              Costs[Path[k]][Path[l]] = Cumul[l]
                                 - Cumul[k]
15                              Paths[Path[k]][Path[l]] = Path[k:l+1]
16  return Paths, Costs
```

在示例中，运行程序清单 4 - 7 可以生成表 4 - 12 中的距离阵列。读者应该注意到，这个阵列扩展了表 4 - 7 中阵列的初始距离。

表 4 - 12　全对最快捷径问题的最优解

	P0	P1	P2	P3	P4	P5	P6	P7	P8	P9	P10	P11	P12
P0		46	17	24	51	48	52	41	68	55	83	99	89
P1	46		63	70	31	33	37	54	49	68	90	81	96
P2	79	38		68	34	31	35	58	51	66	88	82	94
P3	24	70	41		33	37	41	17	49	31	59	81	65
P4	51	85	57	41		4	8	31	18	39	60	50	66
P5	48	81	53	37	4		4	27	22	35	57	51	63
P6	52	86	58	33	1	5		32	19	40	59	51	65
P7	75	54	26	64	31	27	31		49	14	42	66	48
P8	68	89	51	49	18	20	17	43		55	57	32	63
P9	83	68	40	72	39	35	39	14	57		28	80	34
P10	111	145	116	101	60	64	68	91	65	99		58	6
P11	100	121	83	81	50	52	49	75	32	61	58		56
P12	127	148	110	108	77	79	76	102	59	114	114	56	

第 5 章
经典离散模型

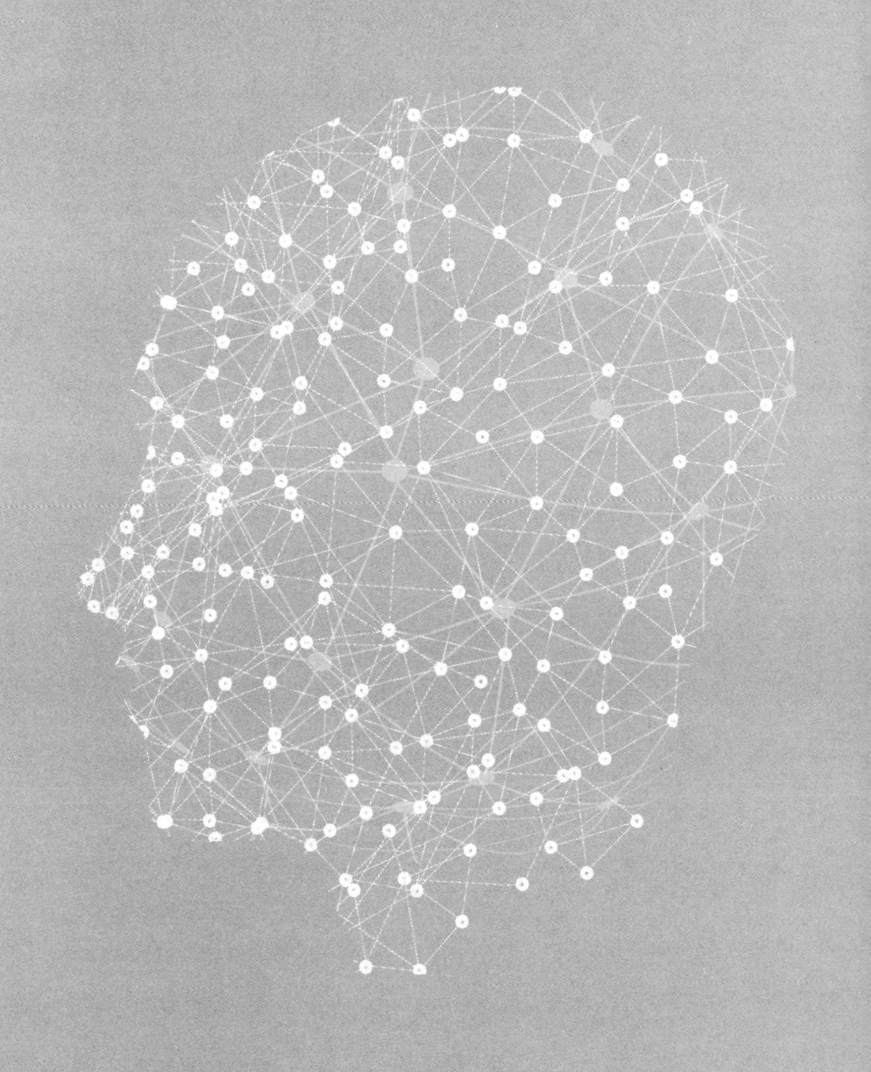

第 5 章　经典离散模型

本章中的问题是整数规划(IP)的经典案例。或许我们将其称为离散线性程序更好,因为我们将之前的程序描述为连续线性程序,而连续的反义词是离散。但传统是根深蒂固的,我们仍然要称之为整数规划。它们的特点是代数线性约束和线性目标,并且要求变量必须采用整数值。

所有的声明很简单,但建模和解释不会都简单。这里需要注意两点:

① 在许多现实问题中已经嵌入了一个或多个这些简单、纯粹的问题。因此,建模者可以很容易地识别这些要点并对其进行建模。

② 需要了解一些能够更有效建模的技巧。了解这些技巧,以及在何种情况下应用它们,是一个优秀建模者应具备的素质。

形成整数模型的要求是部分或全部变量是整数形式的。不过要记住,与非整数模型相反的是,问题的结构不保证是整数的并且建模者必须选择能够处理整数约束的解释器。

需要整数变量的原因有以下几点:① 最明显的例子是我们计算物体,而不是测量数量(人、汽车,或行星中水、二氧化碳的百分比)。② 发生在决策变量代表是/否问题的答案时(我们是否该建立这个工厂? 我们应该结婚吗?),或者更一般地说,布尔条件(状态为真或假,是否满足被排除中间原则)。③ 更适用于辅助变量,当辅助变量用作“指标变量”时。这是当它们指示某种状态的存在或不存在时(当且仅当连续变量 x 为非零时,y 为 1)。当然,这些变量的用法之间的界限是模糊的:真正的决策变量可以是指标变量,辅助变量可以人为设定。建议在建模时牢记这三点原因。

本章的问题将会有许多有趣的变形,本书不可能涵盖所有,但是读者在阅读了一些例子之后,可以去思考其他的。无论在改变一些需求方面多么有创造性,这些问题中的大多数已经被广泛地研究,以致几乎没有变化或保持不变,并且大多数已经找到了一些用途。

5.1 最小的集合数量

本章的第一个问题是整数规划中被研究得最多并且最容易理解的问题之一,并且这个问题已经有了大量的应用。接下来我们考虑下一个问题:通用汽车公司正在为其新的电动汽车寻找供应商。每个供应商都能生产这种汽车的部分零件,供应商之间生产的零件部分也会有重叠。例如,Dolphin 有限公司能够提供车轮轴承、电缆和低功率发光二极管,Schukert GA 公司能提供电缆、电池以及电池外壳。这里面存在着数百个供应商和数千种零部件。

对于通用引擎公司来说,尽量减少供应商数量可以降低成本。因此,我们的目标是找出所有需要零件组合的最小数量的供应商。这个目标可以用集合覆盖(Set cover)来解释,包含集合的所有元素,也就是生产电动汽车需要的所有零部件。这个模型的示例如表 5-1 所列。

表 5-1 Set Cover 示例

供应商	零件编号	供应商	零件编号
S0	{3;4;5;8;24}	S1	{11;15;21;23}
S2	{9;15;24}	S3	{9;13}
S4	{5;11;12;14;16;20}	S5	{8;11;12;15;21}
S6	{1;4;18;20}	S7	{0;3;6;11;13;15;21;23}
S8	{14;16;18;19;23}	S9	{2;7;16;22}
S10	{10;14;21}	S11	{6;19}
S12	{4;10;24}	S13	{3;4;7;9;17}
S14	{1;3;5;6;15;18;19;20;23}		

5.1.1 构建模型

该模型将会分阶段描述。

5.1.1.1 决策变量

在这个问题上我们需要决策的是跟哪个供应商签合同。这是一个是或否的决策。我们需要对每个供应商设一个二选一的变量。在整数规划中，经典方法是使用一个范围值[0,1]的整数变量。作为整数，如果改变量只有0和1两个值，那么这个变量被称为二进制或者指示变量。

还可以使用其他方法，如布尔变量的值：真或者假。这些方法其实是一样的，只是名字不同。还有一种方法是，使用一个只包含了已经选择的供应商的动态数组变量。后一种方法第一感觉似乎更自然些，但是在使用整数解释器时是最不容易实现的。后一种方法更适合用约束解释器，在这里我将不会介绍。

假设 S 为一个供应商集合，声明的第一个整数变量为

$$S_i \in \{0,1\} \quad \forall i \in S$$

例如，集合中定义 S_3、S_5、S_7 为1，其他为0，然后通用引擎公司只给了供应商S3、S5、S7一份合同。这里读者可能会发现，如果供应商的数量远大于最终选定的供应商，就会出现资源浪费的情况。我们必须尽量减少这种浪费，但是从某种意义上来说，这是整数规划中不可避免的。

5.1.1.2 目　标

标准目标是最小化供应商数量，因为每个供应商都有一个0－1的变量，所以我们需要最小化所有的变量的总和：

$$\min \sum_{i \in S} S_i$$

每个供应商都可能遇到成本问题。因此，除去简单的最小化供应商数量外，我们希望总成本最少。假设供应商 i 的成本是 C_i，那么我们需要修改

目标函数为

$$\min \sum_{i \in S} C_i S_i$$

成本数组可能是一个所供应零件(零件越多,成本越高)和供应商讨价还价能力的函数。

5.1.1.3 约　束

从高层角度来看,这个函数只有一个约束条件:通用引擎公司必须获取所有所需零件。当然某些零件可能不止一个供应商,但是我们选择的零件必须有供应商(就如没有方向盘的汽车不可能销售得好)。

如何确定我们拥有了所有的零件?假设其中一个零件是 23,则它的供应商是谁?满足条件的供应商可能有 S1、S7、S8 和 S14。

这就意味着我们必须从这四个供应商中选择一个来提供零件 23。采用代数的方法,可表示为 $s_1 + s_7 + s_8 + s_{14}$ 至少等于 1(总的来说,如果不等于 1,则表示没有多余的解决方案)。

这导致在所有零件集合 P 中每个零件 j 都有一个约束条件。我们假设零件集合 P_i 由供应商 i 供应,公式如下:

$$\sum_{i:j \in P_i} s_i \geqslant 1 \quad j \in P \tag{5.1}$$

符号 $\{i:j \in P_i\}$ 表示当指标仅在集合 P 中时,我们选择指标 i。我们将会看到,这个符号在这个可执行模型中是多么容易就实现了。

5.1.1.4 可执行模型

在程序清单 5-1 中,我们看到了整个模型。仔细看一下这个模型,同先前所有的模型相比,这个模型突显了两个差异:

- 解释器实例化;
- 声明决策变量。

程序清单 5-1　集合覆盖模型(set cover. py)

```
1   def solve_model(D,C = None):
2       t = 'SetuCover'
3       vs = pywraplp.Solver.CBC_MIXED_INTEGER_PROGRAMMING
4       s = pywraplp.Solver(t,s)
5       nbSup = len(D)
6       nbParts = max([e for d in D for e in d]) + 1
7       S = [s.IntVar(0,1,'') for i in range(nbSup)]
8       for j in range(nbParts):
9           s.Add(1 <= sum(S[i] for i in range(nbSup) if j in D[i]))
10      s.Minimize(s.Sum(S[i] * (1 if C is None else C[i]) \
11          for i in range(nbSup)))
12      rc = s.Solve()
13      Suppliers = [i for i in range(nbSup) if SolVal(S[i])>0]
14      Parts = [[i for i in range(nbSup) \
15          if j in D[i] and SolVal(S[i])>0] for j in range(nbParts)]
16      return rc,ObjVal(s),Suppliers,Parts
```

该函数接收了包含每个供应商供应的零件数量的二维数组 D,如表 5-1 所列。假设每一个供应商成本不同,代码也接收了关于成本的数组 C。代码是可选择的并且其缺失表明了一个纯粹的集合覆盖问题,也就是我们关注的将被选择的子集的数量最小化问题。

第 4 行不同于先前建立的所有模型。在这种情况下,这种模型从 CION-OR 项目[①]中选择了解释器 CBC,该解释器可处理离散的以及连续的变量。每个零件上的微小的改变代表解释器上一系列很大的变化。事实上,为了解决一个整数模型,大部分的解释器在内部计算来源于我们的整数模型的很多连续模型。这些算法是很吸引人的,但是超出了本书的范围[②]。

对于第一个离散的模型,我们使用初级的 OR-Tools 常规解释器创建了实例。从这里开始,在这种方法中我们将使用我们自己的新解释器:

---

① www. coin-or. org.

② 感兴趣的读者可搜索“branch and bound”了解解决方案技术。

```
s = newSolver('问题名称',True)
```

其中,第二个参数(默认值为 False)实例化了一个整数解释器(当值为 Ture 时)。在内部,我们通常使用 CBC,但实际上有很多可用的解释器。(详见第 7 章程序清单 7-31。)

第 7 行定义了我们的二进制变量(0 表示忽略供应商,1 表示选择供应商)。目前为止,所有变量均用 NumVar 定义,这个变量表示趋近于实数的浮点变量。我们使用 IntVar 规定解释器中变量只能取整数。因为我们设定变量范围的值是 0-1,因此解释器强制变量只能取两个值中的一个。在解释器中任何值范围都是可能的。

读者可以通过将 IntVar 变为 NumVar,变量取值 0、0.5、1 来测试该模型。0.5 个供应商是什么意思?毫无意义,因此这里的约束要求是整数。

第 9 行的循环实现了约束的覆盖。该循环模仿约束(5.1),强制每个零件的供应商的数量之和大于 1。请注意,通过 Python 中的条件,我们轻易就能够提取子集。

作为传统的集合覆盖,第 11 行的损失函数要么是供应商的数量,要么是选择供应商的总花费,条件是如果每个供应商都提出一个不同的报价。这就是根据供应商检索下的选择成本数组 C。

最后,当该问题解决以后,我们要构建有意义的返回值。调用者接收原始的 S 变量可能会很痛苦。因为它们中的大部分值可能为 0。在供应商和成千上万个零件中,这确实是一个问题,这些 0 显得并不那么有趣。因此我们需要返回一个只包含了获得合同的供应商数组以及零件对应供应商的交叉参考。通过这个参考用户知道每个零件的去向。

针对例子中的解决方案,缺失的成本数组见表 5-2。第一行列出了所有保留的供应商,以下行表示每个提供零件的供应商(在保留的供应商中)。请注意,每个零件均被包含。

表 5-2　集合覆盖问题的最优解

零部件	供应商	零部件	供应商
All	{5;7;9;10;12;13;14}	Part #0	{7}
Part #1	{14}	Part #2	{9}
Part #3	{7;13;14}	Part #4	{12;13}
Part #5	{14}	Part #6	{7;14}
Part #7	{9;13}	Part #8	{5}
Part #9	{13}	Part #10	{10;12}
Part #11	{5;7}	Part #12	{5}
Part #13	{7}	Part #14	{10}
Part #15	{5;7;14}	Part #16	{9}
Part #17	{13}	Part #18	{14}
Part #19	{14}	Part #20	{14}
Part #21	{5;7;10}	Part #22	{9}
Part #23	{7;14}	Part #24	{12}

5.1.2　变化量

在很多看似无关的领域中，变化几乎无处不在。

集合覆盖问题的一个著名实例是班组调度问题。试想，有一家航空公司，我们希望在特定时间窗口内能够覆盖所有的支路(即城市对)。例如，从 A 地到 B 地的一个班组，可以在 C，D，…，E 城市中途停留，目的是使用最少的班组将所有城市对包含进去。

另一个实例是计算机病毒检测。想象一下，有一个包含数千种计算机病毒的数据库，我们正在尝试构建一个探测器。一种方法是能识别这些病毒代码中的字符串，但不能识别非病毒代码中的字符串。我们想要的是最小化字符串的数量，并识别所有病毒。然后我们的探测器将在这些数据中查找一小组字符串(包括硬盘驱动器上的所有程序)。

在通信中的应用。例如,在一个城市的许多地方建造信号塔,需要考虑每个信号塔的成本,希望在覆盖整座城市的前提下最大限度地减少支出。

我们该在何处设置消防站点?需要考虑平均响应的时间,使之在覆盖整座城市的前提下尽可能地减少消防站点的数量。

5.2 集合填充

集合覆盖的镜像问题称为集合填充。在任何一种情况下,我们都会得到一个通用集和一组子集,我们需要选择其中的一些。在之前的情况下,我们的目标是用最小的子集组覆盖通用集,可能不止一次地覆盖一些元素。在后一种情况下,目标是尽可能多地选择子集,但不必多次选择元素。因此,可能不包括某些元素。

为了证明这个问题的合理性,以航空公司机组人员调度为例。为了简化问题,集合中包括每架飞机必须有的驾驶员、副驾驶员、导航员和行李员。这些集合中的元素都会被记录。

一些飞行员可能只会驾驶某些类型的飞机,一些飞行员也可能有自己喜欢合作的团队成员(反之亦然)。从概念上,我们可以把飞机、驾驶员、副驾驶、导航员、服务员的具体组合作为飞机的人员配置的一个子集。我们希望最大化可供我们选择的子集的数量,但不能选择拥有同样元素的两个子集,因为一个频率不能同时出现在两个位置。表 5-3 所列数据说明了这个问题。

表5-3　机组调度集合填充示例

名　单	机组编号	名　单	机组编号
0	{3;18;30}	1	{4;4;36}
2	{1;5;9}	3	{7;17;30}
4	{10;23;23}	5	{8;10;25}
6	{19;29;36}	7	{3;4;17}
8	{19;28;40}	9	{11;24;31}
10	{18;30;33}	11	{22;25;26}
12	{13;15;26}	13	{21;27;28}
14	{7;12;33}		

5.2.1　构建模型

该模型将分阶段构建。

5.2.1.1　决策变量

我们需要在这个问题上做出类似于集合覆盖的决策——选择哪个名单。同样，这是一个是或否的决定，表明是一个指标变量。假设 S 为一组成员名单，声明指标变量为

$$s_i \in \{0,1\} \quad \forall i \in S$$

5.2.1.2　目　标

最简单的目标就是求最大化可选名单的数量，因此

$$\max \sum_{i \in S} S_i$$

当然，我们也可以使用每个名单值的变化和总值的最大化。

5.2.1.3　约　束

约束，只有一个，永远不会让两份名单同时出现同一名机组成员。由于我们的决策变量为0-1变量，所以可以简单地规定，对于每个成员，包括考

虑中的成员名单变量之和至多为1。

如果所有名单上的机组成员都在 S_i 中并且普遍的机组成员是 U，那么我们可以获得

$$\sum_{i:j \in S_i} S_i \leqslant 1 \quad \forall j \in U$$

5.2.1.4 可执行模型

可执行模型见程序清单5-2，与程序清单5-1非常类似，它收到一份带有机组成员名单列表的二维数组 D，与表5-3完全相同。该函数还接受了一个可选的成本数组 C，用来连接每个名单。

程序清单5-2 集合填充模型(set packing.py)

```
1  def solve_model(D,C = None):
2      s = newSolver('SetuPacking', True)
3      nbRosters,nbCrew = len(D),max([e for d in D for e in d]) + 1
4      S = [s.IntVar(0,1,'') for i in range(nbRosters)]
5      for j in range(nbCrew):
6          s.Add(1 >= sum(S[i] for i in range(nbRosters) if j in D[i]))
7      s.Maximize(s.Sum(S[i] * (1 if C == None else C[i]) \
8          for i in range(nbRosters)))
9      rc = s.Solve()
10     Rosters = [i for i in range(nbRosters)if S[i].
       SolutionValue()>0]
11     return rc,s.Objective().Value(),Rosters
```

表5-4为一个没有成本数组的实例解决方案。

表5-4 集合填充模型的最优解

机组8	{2;4;6;7;9;12;13;14}

5.2.2 变化量

一些小的变化：

主要变化是对选择的名单计入费用。然后我们将总成本降至最低。给出的代码已经实现了这种可能性。

另一变化是我们将集合覆盖和集合填充进行了组合：要完全覆盖通用集，且每个元素使用一次。在这种情况下我们讨论一下集合划分。

5.3 装　箱

在存在问题上，集合填充与装箱问题具有相似性，但这两个问题的难度却截然相反。集合填充相对装箱问题会显得更加简单。为了解决装箱问题，我们需要通过从问题中给出的信息写出公式，然后研究出一个新的工具包。

抽象地说，装箱问题是划分集合，其中每个元素具有一个权重，以便我们最小化组的数量，同时将每个组保持在规定的权重限制之下。

打个比方，托运人 VQT 公司有许多卡车，每辆卡车都有达到最大承重的能力。在一个特别的早晨，他们有各种重量的包裹要运输。表 5-5 所列数据是一个简单的装箱示例。其目标是尽量减少运送所有包裹的卡车数量。

表 5-5　装箱问题示例

	卡车载重限制包裹数量	卡车载重限制(1264) 单个包裹重量
0	8	258
1	10	478
2	8	399
总计	26	10 036

请注意，只有重量限制并不完全符合实际。包装也有体积，也需要考虑。但这个问题解决起来难度较大，我们暂且将它搁置一边。另外，还应该考虑距离，我们将在 5.4 节中进行讨论。这里重申一个观点：现实生活中的最优化问题其实很少，如果有的话，更多会是一种理论上的。它们基本上会是多种问题的结合。一个好的建模器可以考虑到这些，并使用工具集对所有模型进行建模。

构建模型

该模型将分阶段进行描述。

1. 决策变量

我们需要决定的是：哪个包裹进入哪辆卡车。我们知道所有的包裹信息。尽管存在许多相同包裹的情况（对于我们的目的具有相同的信息，也就是说，具有相同的重量），但我们可以给它们排号。但我们并不知道卡车的数量。这是我们需要回答的问题之一。然而，通过一些试探，我们可以肯定的是卡车数量的上限。在最坏的情况下，我们可以肯定地说，对于每个包裹我们最多只需要一辆卡车。

我们假设有 P 个包裹，卡车最大数量为 T 辆，决策变量可写为

$$x_{i,j} \in \{0,1\} \quad \forall i \in P, j \in T$$

其中，$X_{i,J}=1$ 表示包裹 I 进入卡车 J。

这只是一个开始，我们还需要知道我们需要哪些卡车。因此，还要声明另一个决策变量，即

$$y_j \in \{0,1\} \quad \forall j \in T$$

其中，$Y_J=1$ 表示卡车 J 将被使用。这貌似回答了我们需要的所有问题。

2. 约　束

首先，需要建立 $X_{I,J}$ 和 Y_J 变量之间的关系，因为我们必须有一个给定

在 $X_{i,j}$ 为1的情况下，Y_J 也等于1(即卡车 J 使用)。换一种思考方式，也就是说，我们不能把包裹放在不使用的卡车上。之前也有过这种类型的约束，如2.1.2小节的饮食问题，其中一个约束条件是：如果使用食物2，那么必须至少有同样多的食物3。

如果一个变量是另一个变量或另一个变量的倍数，那么建议使用如下这种方法：

$$x_{i,j} \leqslant y_i \quad \forall i \in P, \forall j \in T \tag{5.2}$$

尽管它对读者来说可能是相当浪费的，但这的确满足了我们对约束关系的需求。事实上，我们将在短期内减少这种尝试。另外，我们还需要注意每辆卡车所载包裹的权重总和。假设包裹 i 的重量为 W_I，卡车 J 的装载量为 W_J，我们需要

$$\sum_{i \in P} w_i x_{i,j} \leqslant W_j \quad \forall j \in T \tag{5.3}$$

此时有一个显而易见的问题，我们注意到公式中存在相似的约束。有办法把公式(5.2)和公式(5.3)结合起来吗？答案是可以，公式如下：

$$\sum_{i \in P} w_i x_{i,j} \leqslant W_j y_j \quad \forall j \in T \tag{5.4}$$

我们可以看到，式(5.4)包含式(5.2)和式(5.3)两者。我们将约束的数量从 $|P||T|+|T|$ 减少到 $|T|$，这是一个并不简单的改进。

在这一点上，我们的模型保证：

- 卡车被用来装载包裹。
- 卡车装载量要符合它的实际情况。

最后，我们要确保每个包裹都会分配到一辆卡车上，公式如下：

$$\sum_{i \in T} x_{i,j} = 1 \quad \forall i \in P \tag{5.5}$$

3. 目　标

最简单的目标是尽量减少使用的卡车数量，因此有

$$\min \sum_{j \in T} y_j$$

4. 可执行模型

假定该函数接收数组 D，该数组 D 包含带权重的包裹列表和每个权重的包裹数量(我们将会调用这些权重类)，详见表 5-5。它还接收 W 中每辆卡车的装载量。第三个参数是可选的，这个例子之后再进行解释。请注意，它的默认值是 False，在这种情况下，将会跳过大量尚未定义的约束(第 17～27 行)。参见程序清单 5-3。

程序清单 5-3　装箱问题模型(bin packing.py)

```
1   def solve_model(D,W,symmetry_break = False,knapsack = True):
2       s = newSolver('BinuPacking',True)
3       nbC,nbP = len(D),sum([P[0] for P in D])
4       w = [e for sub in [[d[1]] * d[0] for d in D] for e in sub]
5       nbT,nbTmin = bound_trucks(w,W)
6       x = [[[s.IntVar(0,1,'') for _ in range(nbT)] \
7           for _ in range(d[0])] for d in D]
8       y = [s.IntVar(0,1,'') for _ in range(nbT)]
9       for k in range(nbT):
10          sxk = sum(D[i][1] * x[i][j][k] \
11              for i in range(nbC) for j in range(D[i][0]))
12          s.Add(sxk <= W * y[k])
13      for i in range(nbC):
14          for j in range(D[i][0]):
15              s.Add(sum([x[i][j][k] for k in range(nbT)]) == 1)
16      if symmetry_break:
17          for k in range(nbT - 1):
18              s.Add(y[k] >= y[k + 1])
19          for i in range(nbC):
20              for j in range(D[i][0]):
21                  for k in range(nbT):
22                      for jj in range(max(0,j - 1),j):
23                          s.Add(sum(x[i][jj][kk] \
24                              for kk in range(k + 1)) >= x[i][j][k])
25                      for jj in range(j + 1,min(j + 2,D[i][0])):
26                          s.Add(sum(x[i][jj][kk] \
```

```
27                                       for kk in range(k,nbT)) >= x[i][j][k])
28      if knapsack:
29          s.Add(sum(W * y[i] for i in range(nbT))  >=  sum(w))
30      s.Add(sum(y[k] for k in range(nbT))  >=  nbTmin)
31      s.Minimize(sum(y[k] for k in range(nbT)))
32      rc  =  s.Solve()
33      P2T = [[D[i][1], [k for j in range(D[i][0]) for k in range(nbT)
34                              if SolVal(x[i][j][k])>0]] for i in range(nbC)]
35      T2P = [[k, [(i,j,D[i][1]) \
36          for i in range(nbC) for j in range(D[i][0])\
37                  if SolVal(x[i][j][k])>0]] for k in range(nbT)]
38      return rc,ObjVal(s),P2T,T2P
```

在第 4 行，我们为每个包裹构建了一个权重数组。同时也为每个包裹分配了一个序号。程序清单 5 - 4 中描述的函数绑定卡车使用包裹的权重和每个卡车的容量来快速估计卡车数量的上限。这个函数不需要很出色，但是一个更准确的约束条件会使求解更容易。

从 7 行开始的这两行定义了我们的决策变量：一个将包裹分配给卡车，另一个选择卡车。包裹变量是一个三维数组。第一个维度表示权重类，第二个维度表示包裹的序号，第三个维度表示卡车。例如，如果 x[2][3][5]的值为 1，就意味着第二类权重的第 3 个包裹被装载到第 5 个卡车上。

第 9 行的循环是根据式(5.4)定义的，我们将卡车选择的变量还有限制卡车承载的总包裹重量约束相结合，修改为使用三维决策变量。

第 15 行是根据最终约束式(5.5)定义的，以确保所有包裹被分配到卡车。

第 16 行及后续代码先不做解释，后续将会讲解。

在求解之后，将产生两个数组，每个数组提供解决方案的不同形式。第一个显示，对于每个包裹，装载卡车的情况；第二个则显示，对于每辆卡车，所装载的包裹列表。此实例的解决方案见表 5 - 6，表 5 - 5 列出了卡车的信息，包含权重类、包裹序号、重量。表 5 - 6 按照与表 5 - 5 相同的顺序列出了每个权重类，以及装载该类的每个包裹的卡车。

表 5-6 最优包裹分配(Naive Approach)

载 重	货车号
258	[0,6,2,5,3,8,7,4]
478	[3,5,6,8,4,5,4,6,7]
399	[2,0,7,8,0,3,2]

即使是一个小的例子，其代码也可能需要几个小时才能生成解决方案。但装箱不是一个简单的问题，这里有几个原因：注意到有些卡车编号被漏掉；使用卡车时，解决方案可以随机选择；一个特定重量类别的包裹也可以在卡车之间随机分布。实际上，在不同的计算机或不同的解释器上具有完全相同的解，例如，在一辆卡车内或两辆卡车之间交换两包相同重量的包裹。这些交换对解决方案显然没有影响。

在经典术语中，这种情况是简化的一种形式。约束编程的研究人员称之为对称。它总是对解释器产生负面的影响。运行时很难预测，因为它依赖于解释器，但很少是好用的。想要修改模型以避免重复求出相同的解决方案还有另一个原因：我们可以为用户提供更好的解决方案。

增加一个最优解而非相同解(在我们认为的相同的解中)的约束称为对称中断。它在附加约束的代码中进行，也就是 symmetry_break。让我们以最简单的方式来处理这些约束。

假设所有的卡车容量都相同，那么我们如何保证所有卡车都按顺序，而没有被跳过？有一种方法，就是将一个变量与卡车绑定成对：

$$y_{i-1} \leqslant y_j \quad \forall j \in T\backslash\{0\}$$

了解一下它是如何工作的，考虑一下 y 向量会发生什么变化，比如说 y_5 是 1，那么 y_4 就一定是 1，同理，y_3、y_2、y_1、y_0 也一定是 1。另一方面，对于 y_6 及以上，是没有影响的。在代码中，这是在第 17 行循环中完成的。

第二种对称形式是将包裹互换。按照我们表述的问题，相同重量的两个包裹之间是没有区别的。然而，对于要解决的问题，在一辆卡车内或两辆卡车之间交换两个包裹会被视为另一种解决方案，花费在这些解决方案上的时间其实都可以被看作是浪费了。

我们通过一个小的例子来展示如何打破这种对称，例如三个包裹和三辆卡车。因为同样重量的包裹顺序可以是随机的，不过我们可以强行将它们按照顺序装进卡车。例如，如果第二批货物装到第一辆卡车上，那么第三批货物就只能装到第一辆或者序号更大的卡车上。在决策变量方面，我们得到

$$
\begin{aligned}
&x_{0,2}=1 \Rightarrow x_{1,2}=1 \wedge x_{2,2}=1 \\
&x_{0,1}=1 \Rightarrow x_{1,1}+x_{1,2}=1 \wedge x_{2,1}+x_{2,2}=1 \\
&x_{0,0}=1 \Rightarrow x_{1,0}+x_{1,1}+x_{1,2}=1 \wedge x_{2,0}+x_{2,1}+x_{2,2}=1 \\
&x_{1,2}=1 \Rightarrow x_{2,2}=1 \quad \wedge x_{0,0}+x_{0,1}+x_{0,2}=1 \\
&x_{1,1}=1 \Rightarrow x_{2,1}+x_{2,2}=1 \quad \wedge x_{0,0}+x_{0,1}=1 \\
&x_{1,0}=1 \Rightarrow x_{2,0}+x_{2,1}+x_{2,2}=1 \quad \wedge x_{0,0}=1 \\
&x_{2,2}=1 \Rightarrow \quad x_{0,0}+x_{0,1}+x_{0,2}=1 \wedge x_{1,0}+x_{1,1}+x_{1,2}=1 \\
&x_{2,1}=1 \Rightarrow \quad x_{0,0}+x_{0,1}=1 \wedge x_{1,0}+x_{1,1}=1 \\
&x_{2,0}=1 \Rightarrow \quad x_{0,0}=1 \wedge x_{1,0}=1
\end{aligned}
$$

右边(详见7.2.3小节)您将看到实现以上的方法。这里我们先简单地实现它们。

第一个式子的含义是：如果0号包裹被装载到卡车2上，那么1号和2号包裹必须装载到卡车2上。但这是在上限的情况，因为2号为我们最后一辆卡车。第二个式子的含义是：如果将0号包裹装载到卡车1上，那么必须将1号和2号包裹装载到卡车1号或2号上。

一般而言，如果某一个包裹被装到一辆卡车上，那么所有更大编号的包裹都必须装载到序号更大或者与包裹号相等的卡车上。需要注意的是，约束条件的结构是，如果某个变量取值为1，那么就必须有一个等式。等式的右边是我们的标签，因为我们可以用条件变量作为等式的右边。

注意不要过度约束模型。考虑一下第二个式子的含义：$x_{0,1}=1 \Rightarrow x_{1,1}+x_{1,2}=1$。如果将问题简化，我们可以将其合并，就像

$$x_{1,1}+x_{1,2}=x_{0,1}$$

这个模型可能会出错，因为如果 $X_{0,1}$ 是 0（比如，将 0 号包裹装到 0 号卡车上而不是 1 号卡车上），那么解决方案需要防止 1 号包裹装到 1 号或 2 号卡车上。因此正确的约束条件应该是

$$x_{1,1}+x_{1,2} \geqslant x_{0,1}$$

不等式左边的变量都是非负的，所以右边对于零点的约束会显得多余。它强调正确地分配更高编号的卡车。用更抽象的术语来形容，之所以用不等式来描述，是因为我们给出的是逻辑意义而非逻辑等价（$a \Rightarrow$，而不是 $a \Leftrightarrow$）。这些约束体现在程序清单 5.3 的第 27 行。

上边不等式的右边可以理解为：如果包裹 i 被装载到卡车 k 上，则所有编号更低的包裹必须装载到编号更低或相等的卡车上。这些约束通常是多余的，但是对某些条件下的解释器来说，它们可以起到作用。我们鼓励读者尝试在实验中对比是否使用对称中断的方法。

这些附加的约束可以使搜索的范围减小。对于一些解释器，在某些问题上，此方法可以大大节省执行时间。通过将最后一个参数设置为 True 调用 solve_model 来启用这些对称中断约束，在同一例子上的输出如表 5-7 和表 5-8 所列。可以看到所有的卡车编号都是从 0 开始连续的，并且包裹也是按顺序装载的，这是一个更好的解决方案。但是从表中无法看到的是，当忽略对称中断（Symmetry-Breaking）约束时，运行时只是同一实例所必须运行时的一小部分。

表 5-7　具有对称中断约束的最优卡车载荷

卡车（载重限制）	包裹（单个重量）
0(1 252)	[(0,0,258),(0,1,258),(0,2,258),(1,0,478)]
1(1 214)	[(0,3,258),(1,1,478),(1,2,478)]

续表 5 - 7

卡车(载重限制)	包裹(单个重量)
2(1 214)	[(0,4,258),(1,3,478),(1,4,478)]
3(1 135)	[(0,5,258),(1,5,478),(2,0,399)]
4(1 056)	[(0,6,258),(2,1,399),(2,2,399)]
5(956)	[(1,6,478),(1,7,478)]
6(1 197)	[(2,3,399),(2,4,399),(2,5,399)]
7(1 135)	[(0,7,258),(1,8,478),(2,6,399)]

表 5 - 8　具有对称中断约束的最优包裹分配

重　量	卡车编号
258	[0,0,0,1,2,3,4,7]
478	[0,1,1,2,2,3,5,5,7]
399	[3,4,4,6,6,6,7]

我们可以用一种简单的启发式算法来考虑如何限制卡车的数量。从第一辆卡车添加包裹,直到达到最大容量开始,然后进行下一辆。这种贪婪的方式虽然不是最佳的,但却很容易得到一个合理的所需卡车数量的上限。而得到卡车数量下限的一个简单方法,是用所有包裹的重量之和除以卡车的容量,如程序清单 5 - 4 所示。更好的启发式算法比比皆是,它们会在更复杂的实例中所需要。

程序清单 5 - 4　限制卡车数量的简单启发式算法

```
1  def bound_trucks(w,W):
2      nb,tot = 1,0
3      for i in range(len(w)):
4          if tot + w[i] < W:
5              tot + = w[i]
6          else:
7              tot = w[i]
8              nb = nb + 1
```

```
9        return nb,ceil(sum(w)/W)
```

5. 变化量

通常此问题与其他问题一起出现,但在这里有一些更简单的变化。

① 可能每辆卡车都有不同的容量。容量约束很容易适应,但必须注意对称中断约束。因此忽略一些卡车是不可避免的。对称中断必须只在具有相同容量的卡车子集内进行。

② 我们可以使用固定数量的卡车来装载不确定数量的包裹,而非使用不确定的卡车装载固定数量的包裹。在这种情况下,除了重量之外,包裹通常还有一个值,我们必须使这个值最大化。这种情况下问题会变得更容易一些。假设包裹 i 具有值 v_i,则目标函数

$$\max\sum_{i\in P}\sum_{j\in T}v_i x_{i,j}$$

受函数(5.4)约束。

③ 有一种更加简单的装箱方式,称为背包,其中包裹具有重量和价值,但是只有一辆卡车可以装载。这个问题很简单,有快速算法可以解决它,一个通用的整数解释器也可以毫不费力地解决。尽管它很简单,但它确实有一些价值,不是作为自然发生的问题,而是作为更复杂情况的子问题。稍后将会看到此示例。

④ 一个密切相关的问题是资本预算问题。考虑一组范围为 T 的多周期项目 P;每个项目 j 需要在 t 周期内投资 a_{tj},并表示为 c_j。由于周期 t 内预算有限,哪些项目应专门用于投资?该模型将装箱问题进行了简化:

$$\max\sum_{j\in P}c_j y_j$$

$$\sum_{j\in P}a_{tj}y_i\leqslant b_t\quad\forall t\in T$$

$$y_i\in\{0,1\}$$

其中,y_j 表示“与项目 j 一起进行(或不进行)”的决定。

5.4 旅行推销员

现在,我们解决了古老的旅行推销员问题(以下简称 TSP)。这个问题对销售人员来说可能并不重要,但是对车辆路线、电子电路设计和工作排序等应用中非常重要。此外,请允许我用最小限度的伪复杂性来描述有效且可重复使用的建模技术:迭代添加约束。

示例如下:HAL 公司,在新电路设计过程中,电源必须到达每个基本组件。这些组件设置在二维点阵中,可能全部成对连接。为这些组件供电的最佳方式是建立最小总长度的路径,理论上是从电源(V_{cc})开始,通过每个组件,然后回到电源(V_{ee} 或地端)[①]。

因此,从抽象的角度来看,问题可以表述为"在给定的电路图中,找出距离最短的每个顶点之间相连且不相交的路径"。表 5-9 是我们将要解释的示例。除了距离之外,它还包括点的笛卡儿坐标。我们不会在模型中使用这些坐标,但它们对于可视化问题很有用。表 5-9 中没有数字表示的两个节点之间意味着没有直接路径。

表 5-9　TSP 距离阵列示例

P (x y)	P0	P1	P2	P3	P4	P5	P6	P7	P8	P9
P0 72 19		711	107	516	387	408	539	309	566	771
P1 10 37	539		769	881	380	546	655	443	295	1 140
P2 77 31	122	752		281	441	264	318	448	588	730
P3 89 61	519	875	274		435	334	93	776	949	302

① 从复杂性的角度来看,跟踪是否回到原点是无关紧要的。如果需要,我们可以假设 V_{cc} 和 V_{ee} 之间的距离为零。

续表 5-9

P (x y)	P0	P1	P2	P3	P4	P5	P6	P7	P8	P9
P4 51 61	484	561	338	419		118	268	607	495	431
P5 57 52	409	406	244	380	93		295	544	549	494
P6 82 69	479	735	334	101	345	247		679	809	238
P7 52 1	221	444	433	744	487	435	649		325	840
P8 21 14	510	303	599	984	531	553	847	350		1 001
P9 88 96	663	989	664	335	588	434	297	1 093	1 012	

5.4.1 构建模型

该模型将分阶段描述。

5.4.1.1 决策变量

在这个问题上，需要决定的只是要走的路径，这意味着要遵循每个顶点的顺序。这与我们在最快捷径问题上的决策类似，因此，假设 P 是一组定点，我们定义

$$x_{i,j} \in \{0,1\} \quad \forall i \in P, \forall j \in P$$

其中，$x_{i,j}$ 的值为 1 时表示需要连接 i 和 j。注意：此问题具有与最快捷径问题相同的决策变量和基本图结构。但是，这不是流动问题；它会变得相当复杂，因此您很快会开始欣赏它。

5.4.1.2 目　标

目标函数与最快捷径的模型相同。假设距离阵列是 D，我们可以得到

$$\min \sum_{i} \sum_{j} D_{i,j} x_{i,j}$$

5.4.1.3 约　束

在最快捷径问题中，要确保能通过进入的中间节点。在这里，我们必须确保一个包含每个顶点的封闭路径都能走一遍。对于每个顶点，我们必须

精确地选择一个入口和一个出口，如

$$\sum_{j \in P \setminus \{i\}} x_{i,j} = 1 \quad \forall i \in P \tag{5.6}$$

或者

$$\sum_{j \in P \setminus \{i\}} x_{j,i} = 1 \quad \forall i \in P \tag{5.7}$$

现在真正的难题是：如何将 TSP 与最快捷径区分开？以上两个约束是否足够？令人惊讶的是，它们不够。每个顶点都会被电源经过，而且可能不止被经过一次。能够满足上述的约束，我们可以获得路径 0,1,3,4,0，以及围绕其余顶点的另一个循环。这些有问题的路径称为子路径，必须消除。消除的关键是要认识到，对任何严格的节点子集，所选择的连线数量必须小于节点的数量。例如，要消除子路径 0,1,3,4,0，我们可以添加以下约束：

$$x_{0,1} + x_{1,0} + x_{1,3} + x_{3,1} + x_{3,4} + x_{4,3} + x_{4,0} + x_{0,4} \leqslant 3$$

添加此约束后，解释器将永远不会在这 4 个有问题的顶点之间给出 3 条以上的路径，从而避免它们之间重复填充。查看此类约束的另一种方法是：它强制把节点从进入集群的路径中退出来。难点在于，可能会存在很多子路径，实际可能会是一个指数量级：大小大于 1 的顶点的每个子集都是潜在的子路径。

我们可以添加所有可能的子路径吗？从编程的角度讲，这并不困难，但最终的模型会很笨重，并且使解释器的速度变得越来越慢。诀窍是迭代地改进模型，就像我们在优化非线性函数(见 3.1.2.1 小节)时所做的那样。但是在这里我们使用解释器运行的结果来选择要添加到下一次运行中的约束。

总体来看，我们执行了一个没有消除子路径的模型。如果解释器返回一个路径，那么我们就相当于完成了。但如果解释器返回的是一组子路径，我们为了消除子路径，则为它们每个添加约束。最后，所有相关的子路径会被消除，解释器返回整个图的一条路径。解释这种方法需要花费很多时间，并非编写几行代码就可以实现。

5.4.1.4 可执行模型

让我们把这些思路转换成可执行代码，可分成两个部分：第一部分是模型，给定一些子集，优化的方式是为特定集合添加子路径消除约束。参见表 5-5。第二部分是一个主例程，反复调用第一个模型，将出现的子路径添加进去。

程序清单 5-5 带子路径消除约束的 TSP 模型(tsp.py)

```
1  def solve_model_eliminate(D,Subtours = []):
2      s,n = newSolver('TSP', True),len(D)
3      x = [[s.IntVar(0,0 if D[i][j] is None else 1,'') \
4          for j in range(n)] for i in range(n)]
5      for i in range(n):
6          s.Add(1 == sum(x[i][j] for j in range(n)))
7          s.Add(1 == sum(x[j][i] for j in range(n)))
8          s.Add(0 == x[i][i])
9      for sub in Subtours:
10         K = [x[sub[i]][sub[j]] + x[sub[j]][sub[i]]\
11             for i in range(len(sub) - 1) for j in range(i + 1,len(sub))]
12         s.Add(len(sub) - 1 >= sum(K))
13     s.Minimize(s.Sum(x[i][j] * (0 if D[i][j] is None else D[i][j]) \
14                 for i in range(n) for j in range(n)))
15     rc = s.Solve()
16     tours = extract_tours(SolVal(x),n)
17     return rc,ObjVal(s),tours
```

第 4 行定义了决策变量，将路径用二维数组表示。从第 5 行开始的循环，强制要求每个顶点必须有一条路径相连，如公式(5.6)和公式(5.7)所示。我们要求所有 x[i][i]为 0，以避免循环。对于调用者提供的每个子路径，我们在第 9 行提取每一组中的所有路径，并添加一个使它们总和不多于每一组中顶点数减 1。解释器所返回的解决方案，是在第 16 行提取的路径。该代码见程序清单 5-6。

程序清单 5-6　子路径提取

```
1   def extract_tours(R,n):
2       node,tours,allnodes = 0,[[0]],[0]+[1]*(n-1)
3       while sum(allnodes) > 0:
4           next = [i for i in range(n) if R[node][i]==1][0]
5           if next not in tours[-1]:
6               tours[-1].append(next)
7               node = next
8           else:
9               node = allnodes.index(1)
10              tours.append([node])
11          allnodes[node] = 0
12      return tours
```

主循环很简单：我们迭代直到由解释器返回的路径数为1时，注意，在发现子路径时要记录它们。参见程序清单5-7。

程序清单 5-7　TSP模型主线(tsp.py)

```
1   def solve_model(D):
2       subtours,tours = [],[]
3       while len(tours) != 1:
4           rc,Value,tours = solve_model_eliminate(D,subtours)
5           if rc == 0:
6               subtours.extend(tours)
7       return rc,Value,tours[0]
```

在表5-10中有一个小的例子，每行迭代出一个解决方案，说明子路径有被消除。在小括号中，是总长度的最佳值。当我们消除子路径时，这个值是会增加的。如图5-1所示，每次迭代消除的子路径都用灰色路线表示。

表5-10　显示最优值和子路径的TSP解释器的连续迭代

Itel(值)	路　径
0-(2 177)	[0,2];[1,7,8];[3,6,9];[4,5]
1-(2 526)	[0,2,7];[1,8];[3,6];[4,9,5]
2-(2 673)	[0,2,3,6,9,5,4,1,8,7]

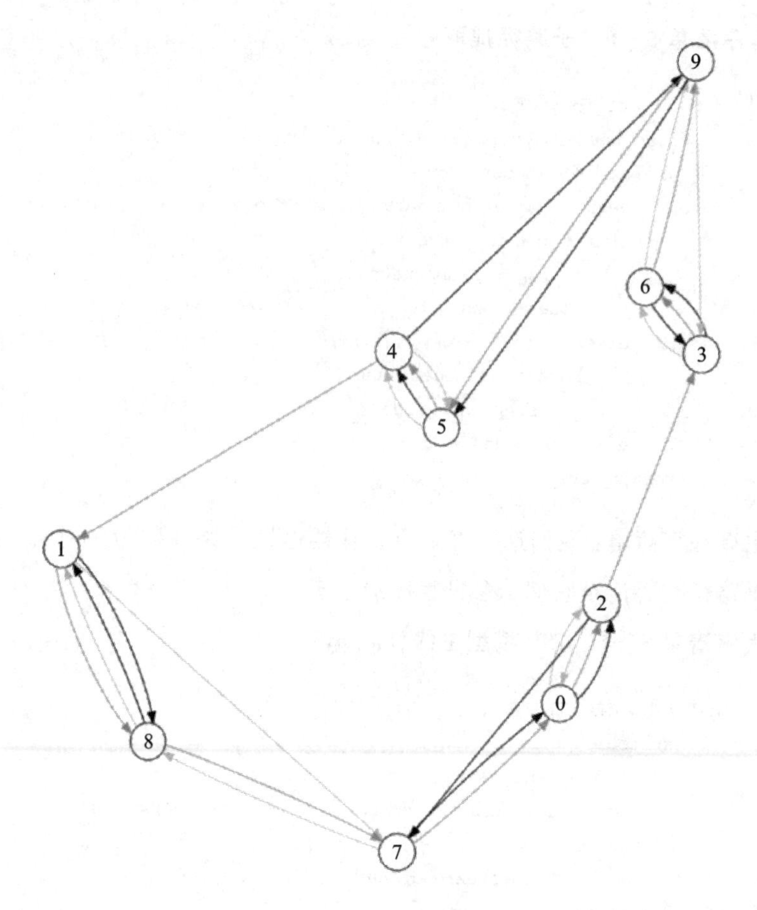

图 5-1　TSP 例子的连续解

来自 TSP 模型中的关键思想并不足以帮助我们解决特别复杂的实例(专门的算法会做得更好)。[①] 这是因为,即使完全正确的模型约束数量很大,但有一些所需约束非常少的部分仍然可以得到问题的最佳解决方法。要有效地做到这一点,必须深入了解问题并具备良好的建模技能(当然,还要有一个很好的建模语言和库,比如 Python 和 OR-Tools)。

---

① 请登录 www.math.uwaterloo.ca/tsp/concorde.html 查看相关实例。

最后，读者需要知道，我们的子路径消除约束并不是唯一的，还有许多可以消除子路径的方法，但是我们所描述的方法相对来说更加简单。在实践中，嵌入TSP子问题的问题还会有许多其他需求，会让模型变得更加复杂。用一个简单而有效的方法来处理子路径是所有建模者应具备的技能。

5.4.2　变化量

TSP是被研究得最多的组合问题，因为它可以有许多变化。

① 常发生的变化是覆盖到所有顶点的最简单路径，而非一个封闭路径。作为参考，我们将此类问题称为TSP-P问题。我们知道如何解决封闭路径问题，解决路径问题的最容易的方法是让后者转换为前者。向网络添加另一个节点，我们称之为虚节点。我们还会将与虚节点距离为零的路线添加到网络上的其他每个节点，然后我们再解决新的网络上的TSP问题。因为最优性，我们将有一个路径进出虚节点。删除产生这两段路线的路径。程序清单5-8为实现TSP-P问题的代码，TSP-P路径模型的结果见表5-11。

程序清单5-8　TSP-P问题的代码(tsp.py)

```
1  def solve_model_p(D):
2      n,n1 = len(D),len(D) + 1
3      E = [[0 if n in (i,j) else D[i][j] \
4          for j in range(n1)] for i in range(n1)]
5      rc,Value,tour = solve_model(E)
6      i = tour.index(n)
7      path = [tour[j] for j in range(i + 1,n1)] + \
8          [tour[j] for j in range(i)]
9      return rc,Value,path
```

表 5-11 TSP-P 路径模型的结果

节　点	1	8	7	0	2	5	4	6	3	9
距　离	0	295	350	221	107	264	93	268	101	302
累　计	0	295	645	866	973	1 237	1 330	1 598	1 699	2 001

② 更复杂的变化是允许重复访问节点。作为参考，我们将此类问题称为 TSP*。这类问题的理由很简单：可以想象，如果允许一个节点不止一次地访问任何节点，就可以找到最短的整体路线。

方法同样是依赖 TSP 模型，通过不同的网络将 TSP* 转化为 TSP。新网络具有完全相同的节点，但是节点之间的距离是原始网络节点之间最快捷径的距离。

我们必须注意这些最快捷径用以重建 TSP* 模型的解决方案。由于之前已经实现了一个最快捷径模型(见第 4 章的表 4-7)，所以现在在这里使用它。程序清单 5-9 为实现 TSP* 的代码，其路径模型结果如表 5-12 所列，其解决方案如图 5-2 所示。注意，即使它重复一些节点，总长度也小于 TSP 长度。

程序清单 5-9　解决 TSP* 问题的代码(tsp.py)

```
1   def solve_model_star(D):
2       import shortest_path
3       n = len(D)
4       Paths, Costs = shortest_path.solve_all_pairs(D)
5       rc,Value,tour = solve_model(Costs)
6       Tour = []
7       for i in range(len(tour)):
8           Tour.extend(Paths[tour[i]][tour[(i + 1) % len(tour)]][0:-1])
9       return rc,Value,Tour
```

表 5-12　TSP* 函数结果

节点 12	0	2	3	6	9	5	4	5	1	8	7	0
总距离 2 636	0	107	281	93	238	434	93	118	406	295	350	221

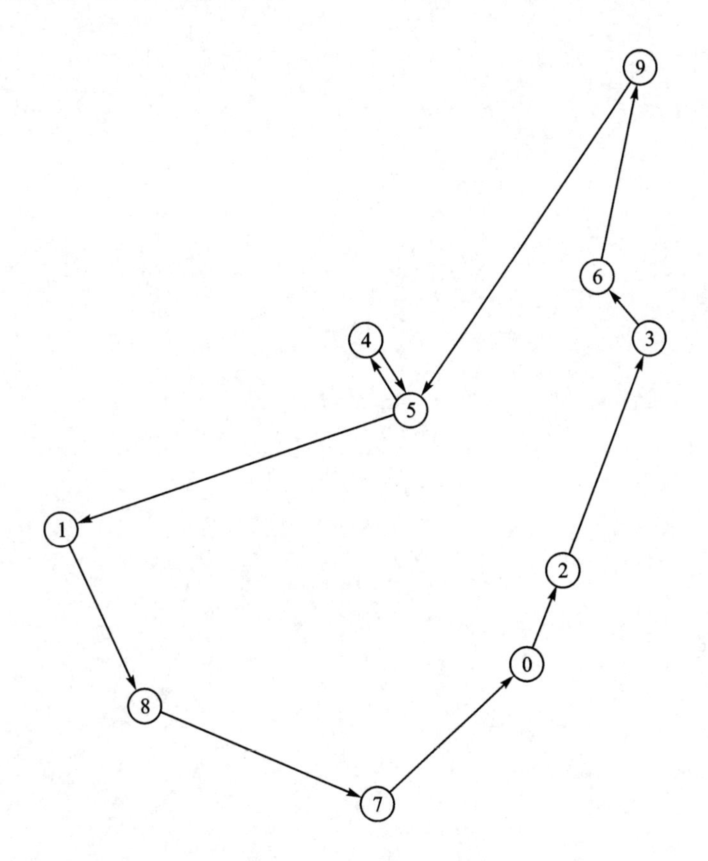

图 5-2　TSP* 解决路径

第 6 章 经典混合模型

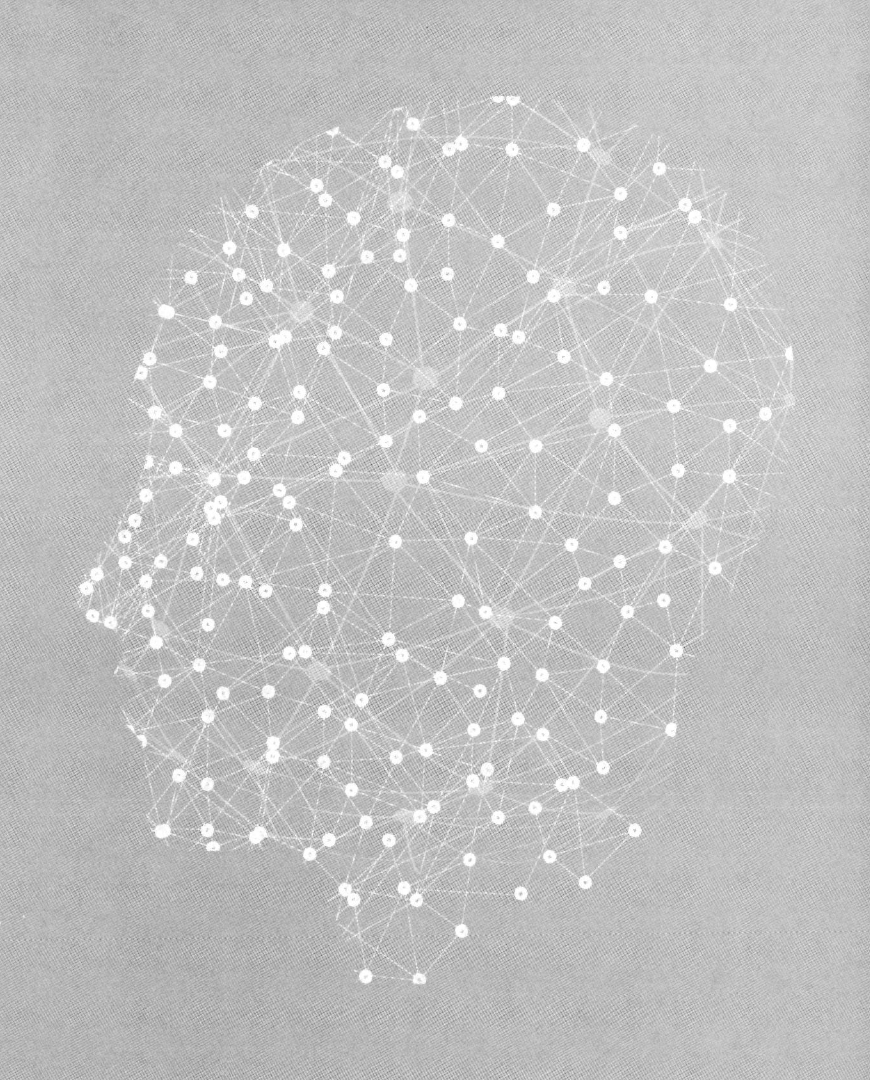

第6章 经典混合模型

本章将针对需要混合连续变量、积分变量以及各种约束条件的问题建立模型。传统上，这些模型被称为混合整数规划(MIP)。

下面讨论一些需要将连续变量与离散变量结合的经典问题。设施选址所代表的原始最简化情况是，在网络周围有连续的对象浮动，但网络节点的存在服从优化决策。相反，最复杂的一种情况是，作业车间调度问题，我们要为各种机器构建服从优先约束条件的操作序列。

这些混合模型在难度上差别很大。在前一种情况中，我们能够解决的问题的大小几乎没有限制，但实践证明，对后一种含有十几个要素的问题，几乎是难以解决的。

6.1 设施选址

让我们回顾在讨论过程中首次遇到的分配问题，但有一些附加的变化。回顾一下4.2节，Solar-1138公司需要决定将由哪个工厂向哪个城市分配电力。现在，我们假设Solar-1138正处于规划阶段，首先需要决定建造哪些工厂，然后将电力分配给城市。数据是相似的。首先是从各待建工厂配电到各城市的成本阵列，如表6-1所列。

表6-1 分销成本示例

From/To	City 0	City 1	City 2	City 3	City 4	City 5	City 6	供 给
Plant 0	20	23	23	24	28	25	13	544
Plant 1	19	18	30	25	19	17	14	621
Plant 2	29	13	19	17	22	15	11	635
Plant 3	16	23	29	22	29	26	11	549
Plant 4	23	20	10	27	23	19	20	534
Plant 5	21	12	23	29	14	15	22	676

续表 6-1

From/To	City 0	City 1	City 2	City 3	City 4	City 5	City 6	供　给
Plant 6	13	18	22	13	11	25	23	616
Plant 7	21	12	20	20	20	13	11	603
Plant 8	24	24	29	17	18	16	20	634
Plant 9	28	11	22	26	25	19	11	564
需　求	553	592	472	495	504	437	634	

此外,建造每个工厂都需要一定的成本,如表 6-2 所列。考虑到建造以及配电的成本,因工厂而异,我们所面临的问题在模型和解法方面,都比单纯的配电更为复杂。现在,要解决的问题是要建造哪些工厂,以及从各工厂向各城市配送多少电力。先忽略任何的摊销问题,假设通过适当的计算可得到固定成本。

表 6-2　建厂成本示例

Plant	0	1	2	3	4	5	6	7	8	9
成　本	5 009	5 215	6 430	5 998	4 832	6 365	6 099	5 499	5 217	6 153

6.1.1 构建模型

6.1.1.1 决策变量

我们有两个相关但不相同的决策,所以需要两组决策变量。与之前的分布模型一样,我们需要知道从工厂 i 到城市 j 要分配多少电力。因此,决策变量可写为

$$x_{i,j} \quad \forall i \in P, \forall j \in C$$

与通常的分布模型一样,$x_{2,4}=5$ 表示将 5 个单位的电力从工厂 2 配送到城市 4。本例中,这是一个连续变量。我们认为在网络上发送电量的分数

值是合适的。在某些应用中,它将是一个整型变量。

我们还需要知道工厂 i 是否会被建造,所以还需要一个二元变量:

$$y_i \in \{0,1\} \quad \forall i \in P$$

$y_2=1$ 表明工厂 2 必须被建立。

6.1.1.2　目　标

现在,目标有两个部分,传统上,称为固定成本和可变成本。固定成本是指与厂房建设有关的费用。可变成本是指配电成本,如式(4.4)所示,我们将固定成本加进去。只有当变量 y_i 为 1 时,工厂 i 才会被建造,假设成本为 c_i,则目标函数可写为

$$\min \sum_i \sum_j C_{i,j} x_{i,j} + \sum_i c_i y_i$$

6.1.1.3　约　束

与传统的最小费用问题一样,我们必须有供需约束条件,可写为

$$\sum_j x_{i,j} \leqslant S_i \quad \forall i \in P \tag{6.1}$$

和

$$\sum_i x_{i,j} = D_j \quad \forall j \in C \tag{6.2}$$

现在我们需要考虑这个模型的新要素。如何将工厂建筑的相关变量和配电的相关变量联系起来呢?没有建成的工厂不能配电,也不能建造不进行配电的工厂。

目标函数最小化,这倾向于将所有变量设置为 0,除非情况不允许(假设成本为正)。已知,从我们的配电工作中,将正确设定变量 $x_{i,j}$ 值。因此,我们必须确保相应的变量 y_i 也被设置。

一个特定的 y_i 值何时为 1,以表明工厂 i 要被建造?当最优解对于同一 i 和任意 j,都有一些 $x_{i,j}$ 值大于 0 时,约束条件可写为

$$\sum_j x_{i,j} \leqslant y_i \quad \forall i \in P$$

这个约束条件达成了我们一半的需求：若工厂 i 不被建设，则没有 $x_{i,j}$ 值会大于 0。然而，当 y_i 为 1 时，不等式左侧的总和可能相当大，存在不一致性。解决的办法是，y_i 乘以一个“足够”大的常数 M。怎样才算足够大？所有城市的总需求一定足够大，因为所有 $x_{i,j}$ 的总和不可能超过总需求。因此，假设总需求为 M，那么约束条件又可写为

$$\sum_j x_{i,j} \leqslant My_i \quad \forall i \in P \tag{6.3}$$

式(6.3)的约束条件被称为 big - M 约束，除非常数 M 足够小，否则应避免使用。如果常数太大，解释器可能会遇到数值故障。这意味着，在实践中建模者应该找到 M 的最小可能值并进行尝试。若解释器卡住，则寻找另一种建模法。

读者可能会遇到不同的 big - M 法，比如任何非零的 $x_{i,j}$ 会使相应的 y_i 为 1，对于一些合适的乘数 D，下面这组约束是可能的：

$$x_{i,j} \leqslant Dy_i \quad \forall i \in P, \quad \forall j \in C$$

这确实解决了我们的问题，并且以增加约束的数目为代价显著减小了乘法器的大小。

上述模型是有效的，但我们也可以通过减少 M 和消除一些约束条件来改进它。注意，约束条件式(6.1)和式(6.3)结构相同，左侧相同。这表明约束条件可合并为

$$\sum_j x_{i,j} \leqslant S_i y_i \quad \forall i \in P \tag{6.4}$$

事实上，若我们对 M 的大小给予更多考虑，则可得出结论，S_i 是“最佳”的 big - M 使用值。

6.1.1.4 可执行模型

读者能认出模型的大部分，因其与程序清单 4 - 2 相同。这里我只强调其中的不同。

解释器除了接收包括供需数据的配电成本阵列 D 外，还接收了一批固

定建筑成本 F。

程序清单 6 - 1　设施选址模型(facility_location.py)

```
1   def solve_model(D,F):
2       s = newSolver('Facility_location_problem', True)
3       m,n = len(D) - 1,len(D[0]) - 1
4       B = sum(D[ - 1][j] * max(D[i][j] \
5           for i in range(m)) for j in range(n))
6       x = [[s.NumVar(0,D[i][ - 1],'') for j in range(n)] \
7           for i in range(m)]
8       y = [s.IntVar(0,1,'') for i in range(m)]
9       Fcost, Dcost = s.NumVar(0,B,''),s.NumVar(0,B,'')
10      for i in range(m):
11          s.Add(D[i][ - 1] * y[i] >= sum(x[i][j] for j in range(n)))
12      for j in range(n):
13          s.Add(D[ - 1][j] == sum(x[i][j] for i in range(m)))
14      s.Add(sum(y[i] * F[i] for i in range(m)) == Fcost)
15      s.Add(sum(x[i][j] * D[i][j] \
16          for i in range(m) for j in range(n)) == Dcost)
17      s.Minimize(Dcost + Fcost)
18      rc = s.Solve()
19      return rc,ObjVal(s),SolVal(x),SolVal(y),\
20          SolVal(Fcost),SolVal(Dcost)
```

第 11 行将建造一个既定工厂的决策与从该工厂配送的电量联系起来。注意,若 y[i]为 0,表明不建设工厂 i,那么相应的 x[i][..]均为零,没有产品从该工厂流出。在另一个方向上,若 y[i]为 1,那么从该工厂流出的产品永远不会超过其供应能力 D[i][−1]。

第 17 行的目标函数将固定建筑成本与可变配电成本之和最小化。

最后,我们回到所有运输材料以及建设决策。此示例的解决方案展示于表 6 - 3 中,其中只显示来自包含在建设决策中的工厂的传输。

表 6-3　设施选址的最优解

	City 0	City 1	City 2	City 3	City 4	City 5	City 6
Plant 2		1.0					634.0
Plant 4			472.0			51.0	
Plant 5		235.0			441.0		
Plant 6	553.0				63.0		
Plant 7		356.0				247.0	
Plant 8				495.0		139.0	

6.1.2　变化量

主要变化与容量相关。生产者与消费者之间可能有最大容量，称为 $c_{i,j}$。这是通过用适当的范围定义变量来实现的，即 $0 \leqslant x_{i,j} \leqslant c_{i,j}$，或在可执行的修改后的第 7 行读取。

在网络具有容量的情况下，重置用于设置建设决策变量的 big-M 约束，可能是值得重新考虑的，而且最好采用基于工厂产品流出容量的替代方法。

6.2　多商品流

之前讨论的产品流问题是简单的整数问题，因为其必然是整数，所以没必要声明变量为整数来得到一个整数最佳解。但是这种情形并不适用于当一个网络承载多个商品时，于是我们必须明确指定所有必须是整数的变量。

我们可以把这个问题视为在一个网络上的一系列转运问题。一些节点供给，一些节点需求，其他节点可以运输，并可以携带多个元素，这样作为一种元素供给者的节点就可成为另一个元素的需求者。因此将会产生许多成本、供需数据表，如表6-4所列。在转运中，目标就是满足所有需求。

表6-4 多商品流成本阵列示例

Comm 0	N0	N1	N2	N3	N4	供给
N0		20	23	23	24	532
N1	19		18	30	25	
N2				13	19	
N3	24	23			22	512
N4	23	10				
需求		230	306		508	
Comm 1	N0	N1	N2	N3	N4	供给
N0		23	29	14	15	533
N1	22		13	11	25	609
N2	20	20		13	11	634
N3		18	20		24	
N4			11	22		
需求				354	1 422	
Comm 2	N0	N1	N2	N3	N4	供给
N0		30	17	19	30	
N1			21	19	27	564
N2				29	27	588
N3			12		27	
N4	27	15		16		
需求	315			360	477	

6.2.1 构建模型

该模型将分阶段进行描述。

6.2.1.1 决策变量

由于它只是同一网络上的一组转运问题，因此需要每个问题的决策变量。假设有 K 个商品和 N 个节点，则有

$$x_{k,i,j} \in [0,1,2,\cdots] \quad \forall i \in N, \forall j \in N, \forall k \in K$$

如果变量 $x_{4,3,5}$ 为 6，即表明沿着弧(3,5)运输 6 单位的商品 4。

6.2.1.2 目　标

目标是通过对转运目标的简单概括以将所有商品的运输成本降到最低，则有

$$\min \sum_k \sum_i \sum_j C_{k,i,j} x_{k,i,j}$$

6.2.1.3 约　束

约束条件是商品流的广义守恒，注意，它们均须分别适用于每一种商品：

$$\sum_j x_{k,j,i} - \sum_j x_{k,i,j} = D_{k,i} - S_{k,i} \quad \forall k \in K, i \in N \qquad (6.5)$$

6.2.1.4 可执行模型

让我们将其转换为可执行模型，如程序清单 6-2 所示。该函数接受每个商品弧线成本的三维数组 C。它也接受容量 D，D 可以是一个表示所有弧上相同容量的标量，也可以是一个用于指定每个弧容量的二维数组。最后，它接受参数 Z 用于指示；若为真，则我们必须把它作为整数程序来解决，因为由网络传输的元素是不可分割的；若为假，则我们接受的是分数解。设置最后一个参数的原因是，接受分数解，虽然极大地加速了这个过程，但它仍可产生整数解。

程序清单 6-2 多商品流模型(multi_commodityflow.py)

```
1  def solve_model(C,D = None,Z = False):
2      s = newSolver('Multi-commodityumincostuflowuproblem', Z)
3      K,n = len(C),len(C[0])-1,
4      B = [sum(C[k][-1][j] for j in range(n)) for k in range(K)]
5      x = [[[s.IntVar(0,B[k] if C[k][i][j] else 0,'') \
6          if Z else s.NumVar(0,B[k] if C[k][i][j] else 0,'') \
7          for j in range(n)] for i in range(n)] for k in range(K)]
8      for k in range(K):
9          for i in range(n):
10             s.Add(C[k][i][-1] - C[k][-1][i] ==
11                 sum(x[k][i][j] for j in range(n)) - \
12                 sum(x[k][j][i] for j in range(n)))
13     if D:
14         for i in range(n):
15             for j in range(n):
16                 s.Add(sum(x[k][i][j] for k in range(K)) <= \
17                     D if type(D) in [int,float] else D[i][j])
18     Cost = s.Sum(C[k][i][j] * x[k][i][j] if C[k][i][j] else 0\
19                 for i in range(n) for j in range(n) for k in range(K))
20     s.Minimize(Cost)
21     rc = s.Solve()
22     return rc,ObjVal(s),SolVal(x)
```

这段代码本质上与转运代码相同,不同的是,它带有一些实际性修饰。决策变量具有三个维度:第一个维度表示商品,另外两个维度通常表示圆弧。而且,若参数 Z 为真,则被定义为整数变量。之所以这样选择,是因为对于大量网络(实际上是绝大多数)和多商品流问题,这些变量可以被定义为连续型变量;但是如果所有需求、供应和容量都是整数,解决方案也将要如此。面临长期运行的建模者,应该尝试放宽整数型约束。它很可能是一个整数,可以节省大量 CPU 周期。整数解的条件很复杂,并且很难提前验证,这就是为什么在实际应用中,若解不切实际,尝试一个连续型解并进行调整更为容易。

对于该简单问题的解法,见表 6-5。事实上,它是一个连续性问题。

表 6-5 多商品流最优解

Comm 0	N0	N1	N2	N3	N4
N0		226	306		
N1					
N2					
N3		4			508
N4					
Comm 1	N0	N1	N2	N3	N4
N0					533
N1			155	354	100
N2					789
N3					
N4					
Comm 2	N0	N1	N2	N3	N4
N0					
N1				360	204
N2					588
N3					
N4	315				

6.2.2 变化量

6.2.2.1 所有点对最快捷径(修订)

为何我们要在多商品流对转运改动很小的情况下覆盖它?因为它们经常被用来通过修改一个问题以适应多商品流结构。这里有一个简单的例子:还记得在网络中找到所有点对之间最快捷径的问题吗?我们通过解一个最快捷径模型来做到这一点。通过运行单一多商品流,我们可以找到所有这些路径；更好的是，它永远不需要一个整数约束，因而运行时间非常短。

关键是要将每个节点视为量 $n-1$ 的特定商品的供给者。每个节点也是由其他节点提供的 $n-1$ 商品的消费者。程序清单 6-3 实现了这种方法。其代码稍显全面是因其允许我们指定一组源节点，并且这组源节点有向所有其他节点发出信息的路径。

在第 4 章中，将相同问题的代码运行到所有点对问题上会产生相同的结果（见表 4-11）。不同之处在于，流代码的速度要快得多。事实上，它通常比运行一些特殊的，比如沃特-沃瑞斯这样的算法快得多，它的复杂度与 N3 成正比，而我们的流问题经常最终与 n 成正比。

程序清单 6-3　基于多商品流所有对的最快捷径

```
1   def solve_all_pairs(D,sources = None):
2       n,C = len(D),[]
3       if sources is None:
4           sources = [i for i in range(n)]
5       for node in sources:
6           C0 = [[0 if n in [i,j] else D[i][j] for j in range(n+1) ] \
7               for i in range(n+1)]
8           C0[node][-1] = n-1
9           for j in range(n):
10              if j!= node:
11                  C0[-1][j] = 1
12          C.append(C0)
13      rc,Val,x = solve_model(C)
14      Paths = [[None for _ in range(n)] for _ in sources]
15      Costs = [[0 for _ in range(n)] for _ in sources]
16      if rc == 0:
17          for source in sources:
18              ix = sources.index(source)
19              for target in range(n):
20                  if source != target:
21                      Path,Cost,node = [target],0,target
22                      while Path[0] != source and len(Path)<n:
```

```
23                    v = [j for j in range(n) if x[ix][j][node] >= 0.1][0]
24                    Path.insert(0,v)
25                    Cost + = D[v][node]
26                    node = v
27                Paths[ix][target] = Path
28                Costs[ix][target] = Cost
29        return rc, Paths, Costs
```

表 6-6 显示了运行代码的结果,并请求从节点 0 和节点 2 发出的最快捷径。读者应注意到,其长度与表 4-12 的长度是相同的。

表 6-6　4.4 节示例中节点 0 和节点 2 的最快捷径

0-目标	成　本	[路径]	2-目标	成　本	[路径]
1	46	[0,1]	0	79	[2,5,0]
2	17	[0,2]	1	38	[2,1]
3	24	[0,3]	3	68	[2,5,6,3]
4	51	[0,4]	4	34	[2,4]
5	48	[0,2,5]	5	31	[2,5]
6	52	[0,2,5,6]	6	35	[2,5,6]
7	41	[0,3,7]	7	58	[2,5,7]
8	68	[0,2,8]	8	51	[2,8]
9	55	[0,3,7,9]	9	66	[2,5,9]
10	83	[0,3,7,9,10]	10	88	[2,5,10]
11	99	[0,2,5,11]	11	82	[2,5,11]
12	89	[0,3,7,9,10,12]	12	94	[2,5,10,12]

6.2.3 实　例

在光纤网络应用中出现了一件有趣的事情。考虑一组发出信号的信号源、一组这些信号必须到达的汇点和一组仅传输信号的转运点(如果需要可能会提升它们)。如果多个信号使用不同的波长,则可以同时共享相同的电缆。可用波长的数量是有限的。我们这里有多个转运问题叠加。在这种情况下,目标是最大化已建立连接的数量。

6.3　人员编制

优化程序通常将此问题描述为人员调度问题。但这里用词十分不恰当,因为没有任何时间表生成,只有需求水平。从业者已知的真正的人员调度问题要复杂几个数量级。所以我们将这个问题称为人员编制问题。

情况如下:我们有一个网格,按时间间隔在一个维度上编制索引。此网格最常用来呈现天(星期一、星期二)或小时(早上8点,上午9点),也可以是任何有效时间单位。在另一个维度,我们加入了通常所称的班次,它是工人时间表的单位(周一至周五,周二至周日,或上午8点至下午4点,上午9点至下午5点)。我们有人员需求(周一需要45人,中午需要62人),这与每个时间间隔相关联。最后,我们还有与每个班次相关的成本。有关示例详见表6-7。

表6-7　人员需求配置阵列

	Shift 0	Shift 1	Shift 2	Shift 3	Shift 4	Shift 5	Shift 6	需　求
00h	1			1				15
02h	1					1		17
04h	1					1		16
06h	1	1						17
08h		1					1	19
10h		1					1	18
12h		1	1					11
14h			1					12

续表 6-7

	Shift 0	Shift 1	Shift 2	Shift 3	Shift 4	Shift 5	Shift 6	需　求
16h			1					15
18h			1	1				14
20h				1	1			20
22h				1	1			18
成　本	$69.37	$67.03	$64.55	$72.06	$29.24	$21.67	$24.52	

请注意,该示例包括两种类型的班次:全职(8 小时)和兼职(4 小时)。每班次的成本和小时数是不同的,因为通常全职比兼职人员的工资更高。目标是至少确定总成本,每个班次将有多少人工作,从而确保满足需求,并确保全职人员获得优待。这种优先可以有各种形式。它可以很简单:如果没有全职人员则没有兼职人员,或者"每个全职班次必须由至少 x 人组成",或者"我们有多达 x 个全职人员必须工作;然后用兼职人员填补其余的需求"。我们将讨论这些约束条件的一些可能的变化。

请注意,此问题的解决方案仅确定每个班次的人员编制。这不是一个时间表。真正的时间表会考虑到在哪个员工在哪个班次工作之类的问题,这需要更深层的模型,这个模型更复杂。

读者应该注意,这里针对复杂问题的优化程序的常用方法——分解。表 6-7 最右边一列中展示的人员编制需求可以通过某种模型获得。这些级别将由我们现在创建的模型生成。最后,另一个模型将生成适当的时间表。这种方法不太可能产生整体最优解决方案,但是所有行业都在用。航空公司因分解问题而出名。我们用这种方式处理复杂问题有两个原因:一个好的理由和一个不好的理由。

好的理由是,解决整个问题通常在技术上是不可行的。当然,我们可以编写整个问题模型,但是解算程序永远无法找到解决方案。原因是,整个问题的一部分最好是被建模为整数程序,另一部分则作为约束程序更简单。编写这样的混合模型,还没有完全令人满意的方法。不好的理由是,即使存在更全面的可行方法，但组织中存在大量惯性会阻碍其实施。

6.3.1 构建模型

下面将分阶段描述该模型。

6.3.1.1 决策变量

在这个问题上我们需要确定的是每个班次需要多少人。由于全职和兼职班次之间不同，区分全职员工(FTE)和兼职员工(PTE)可能很有用。因此，假设 N_f 和 N_p 为全职和兼职班次的集合，则有

$$x_i \in [0,1,2,\cdots] \quad \forall i \in N_f \cup N_p =: N$$

6.3.1.2 目 标

目标很简单，因为我们有每班次成本 C_i，所以目标函数为

$$\min \sum_{i \in N} C_i x_i$$

6.3.1.3 约 束

让我们通过查看特定的时间间隔来解决人员需求，例如 0600h，需要17个人。如果 Shift 0 的覆盖时间是从午夜到上午 8:00，Shift 1 的覆盖时间是从早上 6:00 到下午 2:00，那么这两个班次(没有其他班次)加起来必须至少有 17 人来满足早上 6:00 的需要。用代数式可表示为

$$x_0 + x_1 \geqslant 17$$

现在，更一般地说，考虑阵列 $M_{T \times N}$，其中 T 表示时间间隔的集合，它具有表 6-7 的结构(不包括最后一行和一列)。我们需要的是每个时间间隔 t，覆盖 t 的 x_i 之和至少满足所需的 R_t。用代数式可表示为

$$\sum_{i \in N} M_{t,i} x_i \geqslant R_t \quad \forall t \in T \tag{6.6}$$

这对于最简单的人员编制模型来说，已经足够了。如果全职和兼职之间没有区别，那么我们就已经完成了。让我们再考虑一些现实的约束。

1. 最少 FTE

如果我们要求，对于每个全职班次 i，至少要有 Q_i 个员工工作，则可以补充约束条件：

$$x_i \geqslant Q_i \quad \forall i \in N_{\mathrm{f}}$$

由于班次的结构（全职班次涵所有时间间隔），所以该约束也满足该表格的要求：如果没有 FTE 正在工作则没有 PTE 工作（当然，假设 $Q_i > 0$）。

2. FTE 必须工作

一个可能更现实的要求是，给定数量为 P 的 FTE，我们要求他们都能正常工作，只有在无法满足人员编制要求的情况下，才能加入 PTE。因此，约束条件为

$$\sum_{i \in N_f} x_i = P \tag{6.7}$$

当然，除非 FTE 的数量低于或满足人员需求，否则这种约束是不可行的。

3. 如果没有 FTE，则无 PTE

考虑一个特定的时间间隔，比如说从上午 10:00 到中午。假设在这个时间段可以配备全职 Shift 1 和 Shift 2 以及兼职 Shift 6，我们希望确保 x_6 为 0，除非 x_1 或 x_2 非 0。第一次尝试，我们写为

$$x_1 + x_2 \geqslant x_6 \tag{6.8}$$

这确保了如果全职班次中没有 FTE，那么也不会有 PTE。但同时，这也非必要地限制了问题，因为这可以防止 PTE 的数量超过 FTE。我们需要的是通过一些“足够大”的常数来扩大式(6.8)的左侧。

这是技术优化程序调用 big-M 方法的又一个实例。需要多大才足够？所需人员的总和肯定足够，但不会大到引起数值问题。因此，约束条件可写为

$$\sum_{j \in T} R_j \sum_{i \in N_f} M_{t,i} x_i \geqslant \sum_{i \in N_p} M_{t,i} x_i \quad \forall t \in T \tag{6.9}$$

对于每个时间间隔，式(6.8)左侧也就是FTE的数量和，以较大常数按比例扩大。式(6.8)右边是PTE的数量和。

6.3.1.4　可执行模型

模型将输入时间与班次0-1构成的阵列M，如表6-4所列，还考虑了全职的班次数。如果该问题没有设置PTE，这个数字将等于M的列数。最后一列表示每个时间间隔的最低要求。最后一行表示指定班次中一名工人的成本。

为了使该模型更加实用，可以给出一个数组Q，通过表示每个班次中最少人数的班次来索引。也可能会为它设置必须工作的FTE的标量P。最后，也可以为其设置一个标志(没有PTE)，如果为True，则表示除非有FTE；否则不会有PTE工作。

程序清单6-4　人员配置模型(staffing.py)

```
1  def solve_model(M,nf,Q = None,P = None,no_part = False):
2      s = newSolver('Staffing', True)
3      nbt,n = len(M) - 1,len(M[0]) - 1
4      B = sum(M[t][-1] for t in range(len(M) - 1))
5      x = [s.IntVar(0,B,'') for i in range(n)]
6      for t in range(nbt):
7          s.Add(sum([M[t][i] * x[i] for i in range(n)]) >= M[t][-1])
8      if Q:
9          for i in range(n):
10             s.Add(x[i] >= Q[i])
11     if P:
12         s.Add(sum(x[i] for i in range(nf)) >= P)
13     if no_part:
14         for t in range(nbt):
15             s.Add(B * sum([M[t][i] * x[i] for i in range(nf)]) \
16                 >= sum([M[t][i] * x[i] for i in range(nf,n)]))
```

```
17        s.Minimize(sum(x[i] * M[-1][i] for i in range(n)))
18        rc = s.Solve()
19        return rc, ObjVal(s), SolVal(x)
```

在提取了第4行的时间间隔数、班次数并且计算第4行决策变量的范围后，我们将决策变量定义为非负整数。我们使用的范围显然是有效的，因为它是所有必需人员的总和。

我们在第7行施加了式(6.6)的基本约束。然后，三个if语句执行最小FTE的可选约束，FTE必须工作，并且如果没有FTE，则不执行PTE。

表6-8中显示了基本约束的结果，其中将标志(没有PTE)设置为True，由此产生表6-9。请注意，对于此示例，工作的总人数没有变化，但班次中人员的分配发生了变化，从而提高了总成本。

表6-8　基本人员配置问题的最优解

$3 187.84	Shift 0	Shift 1	Shift 2	Shift 3	Shift 4	Shift 5	Shift 6
Nb:71	15	2	15	0	20	2	17

表6-9　全职而非兼职约束条件的最优解

$3 225.47	Shift 0	Shift 1	Shift 2	Shift 3	Shift 4	Shift 5	Shift 6
Nb:71	14	3	15	1	19	3	16

6.3.2　变化量

我们已经通过调整可选参数取得了一些进展。当然还有许多其他的变化，因为有许多公司使用人员编制。下一步是将其转换为真实的调度模型，将特定人员按班次分配。稍后将会解决这个问题，但鼓励读者思考如何实现真正的调度。

6.4　作业车间调度

首先要解决的一个难题是：在一组机器 M 上执行一组作业 J。每个作业在每台机器上都需要一些时间来执行特定任务并且具有执行任务的既定顺序。您可以联想成是建造木制玩具。需要将木材切割成形，然后打磨，再涂底漆、外表漆、亮漆。这些任务中的每一项都由不同的机器来完成，并且需要一定的持续时间，这取决于是什么样的玩具。这里的“机器”一词有相当广泛的意义，它可能指一名在某个岗位的熟练工人，也可能指一个机器人。道理都是一样的。而且，并非所有工作都需要所有机器，有些可能只需要一部分机器。总体目标是在每台机器上安排时间来完成所有任务，同时最大程度地减少使用的总时间。

表 6-10 给出了用于说明该模型的示例。

表 6-10　作业车间调度示例(针对每个作业、机器和任务持续时间)

作　业	机器运行时间		
J0	1～10	2～10	0～10
J1	1～5	0～8	2～5
J2	2～5	1～9	0～9
J3	0～6	2～9	1～5

构建模型

由于我们给定了每项工作的任务顺序，因此它不是决策的一部分。在给定机器上为给定作业启动特定任务的时间是我们所寻求的。因此，我们将使用一个决策变量来指示开始时间：

$$x_{ik} \in [0,\infty] \quad \forall i \in J, \forall k \in M$$

我们没有假设持续时间为整数，因此决策变量是连续的。

第一种类型的约束是在起始时间上设置了下限。例如，考虑到作业 7 必须进入机器 6 之前在机器 4 中持续 3 小时，然后起始时间是 $x_{74}+3 \leqslant x_{76}$。一般来说，假设 p_i 是处理作业 i 机器的顺序向量（$0,1,2,\cdots,M-1$ 的置换），其持续时间向量为 d_i，那么我们被引导到

$$x_{ip_{ik}} + d_{ik} \leqslant x_{ip_{ik+1}} \quad \forall i \in J, \forall k \in [0,\cdots,|M|-2]$$

这个问题的困难在于强制执行，即在任何给定时间，每台机器最多只能有一个工作。机器可以闲置，但我们的目的是尽量减少闲置。如何强制执行此约束呢？

一种方法是引入一个额外的变量，用于指示给定机器上作业的相对顺序。例如，当且仅当在机器 k 上的作业 i 先于作业 j，

$$z_{ijk} \in \{0,1\}, \quad \forall i,j \in J, \forall k \in M$$

表示为 $z_{ijk}=1$。请注意，这是作业 i 先于作业 j 的例子，反之亦然，

$$z_{ijk}=1 \Leftrightarrow z_{jik}=0$$

有了这个变量，就可以尝试执行我们的困难条件。再看一个简单的例子，假设作业 7 需要机器 2 工作 3 小时，而作业 5 需要该机器工作 4 小时。然后，或者用 $x_{72}+3 \leqslant x_{52}$ 表示直到作业 7 在机器 2 上结束后作业 5 才能开始，或者用 $x_{52}+4 \leqslant x_{72}$ 表示反向时间条件。两者是“或”的关系，我们需要一个或多个约束条件来控制。

对于所有作业 i、j 和所有机器 k，这个条件可以使用变量 z_{ijk} 来执行，

$$z_{ijk} = 1 - z_{jik}$$

$$x_{ip_{ik}} + d_{ik} - M_{z_{ijp_{ik}}} \leqslant x_{jp_{ik}}$$

$$x_{jp_{jk}} + d_{jk} - Mz_{jip_{jk}} \leqslant x_{ip_{jk}}$$

且 M 值足够大。注意，z_{ijk} 或 z_{jik} 中只能有一个。因此，两个不等式中只有

一个会起到约束作用,另一个将无意义。

剩下的就是处理目标函数了。我们想要一个能够在最短的时间内完成所有工作的计划,那么可以在每个作业结束时添加一个范围,并将其最小化。例如

$$x_{ip_{ik}} + d_{ip_{ik}} \leqslant T \quad \forall i \in J, \forall k \in [0, \cdots, |M|-1]$$

目标是

$$\min T$$

目标 T 将是最后一台机器上最后一个任务的完成时间。

1. 可执行模型

可执行代码见程序清单 6-5。假定输入一个如表 6-10 所列的元组,指示进行每个作业所需机器的顺序以及每台机器上任务的持续时间。

程序清单 6-5　作业车间调度模型(job shop. py)

```
1   def solve_model(D):
2       s = newSolver('JobuShopuScheduling', True)
3       nJ,nM = len(D),len(D[0])
4       M = sum([D[i][k][1] for i in range(nJ) for k in range(nM)])
5       x = [[s.NumVar(0,M,'') for k in range(nM)] for i in range(nJ)]
6       p = [[D[i][k][0] for k in range(nM)] for i in range(nJ)]
7       d = [[D[i][k][1] for k in range(nM)] for i in range(nJ)]
8       z = [[[s.IntVar(0,1,'') for k in range(nM)] \
9           for j in range(nJ)] for i in range(nJ)]
10      T = s.NumVar(0,M,'')
11      for i in range(nJ):
12          for k in range(nM):
13              s.Add(x[i][p[i][k]] + d[i][k] <= T)
14              for j in range(nJ):
15                  if i != j:
16                      s.Add(z[i][j][k] == 1 - z[j][i][k])
17                      s.Add(x[i][p[i][k]] + d[i][k] - M * z[i][j][p[i]
18                          [k]] \ <= x[j][p[i][k]])
19                      s.Add(x[j][p[j][k]] + d[j][k] - M * z[j][i][p[j]
```

```
20                          [k]] \<= x[i][p[j][k]])
21          for k in range(nM - 1):
22              s.Add(x[i][p[i][k]] + d[i][k] <= x[i][p[i][k + 1]])
23      s.Minimize(T)
24      rc = s.Solve()
25      return rc,SolVal(T),SolVal(x)
```

在第 4 行，我们通过添加所有任务的所有持续时间来计算大于最后可能结束时间的值，就好像我们只有一台机器一样。这将用于限制决策变量的域以及一些约束的范围。

第 6 行和第 7 行是从输入元组中提取机器的置换向量和持续时间的向量。这将允许我们尽可能贴切地将代码编写到我们使用的抽象数学描述中。

第 13 行将 T 设置为所有任务的所有结束时间的上限。然后，我们将该 T 最小化以获得最短的时间表。

第 22 行是 6.4.1 小节的转换，执行该时间表，任务按输入元组规定的顺序完成。

最后，从第 15 行的 if 语句块开始执行复杂的“或”运算。对于每对任务，都会执行次语句块，一个任务要严格优先于另一个任务。可以将变量的数量减少一半，但是一个好的解算软件会在预处理阶段自动完成。

这个简单示例的结果见表 6 - 11 和图 6 - 1。

表 6 - 11　最优解(S 为开始时间，M 为机器，D 为持续时间)

	$(S;M;D)$	$(S;M;D)$	$(S;M;D)$
作业 0	{0.0;1;10}	{13.0;2;10}	{23.0;0;10}
作业 1	{10.0;1;5}	{15.0;0;8}	{23.0;2;5}
作业 2	{0.0;2;5}	{24.0;1;9}	{33.0;0;9}
作业 3	{0.0;0;6}	{28.0;2;9}	{37.0;1;5}

时间	0	1	2	3	4	5	6	7	8	9	10	1	2	3	4	5	6	7	8	9
机器0	3	3	3	3	3	3										1	1	1	1	1
机器1	0	0	0	0	0	0	0	0	0	0	1	1	1	1	1					
机器2	2	2	2	2	2	2								0	0	0	0	0	0	0

时间	20	1	2	3	4	5	6	7	8	9	30	1	2	3	4	5	6	7	8	9	40	1
机器0	1	1	1	0	0	0	0	0	0	0	0	0	0	2	2	2	2	2	2	2	2	2
机器1					2	2	2	2	2	2	2	2	2					3	3	3	3	3
机器2	0	0	0	1	1	1	1	1	3	3	3	3	3	3	3	3	3					

图 6－1　进度的图形表示法

第 7 章
先进技术

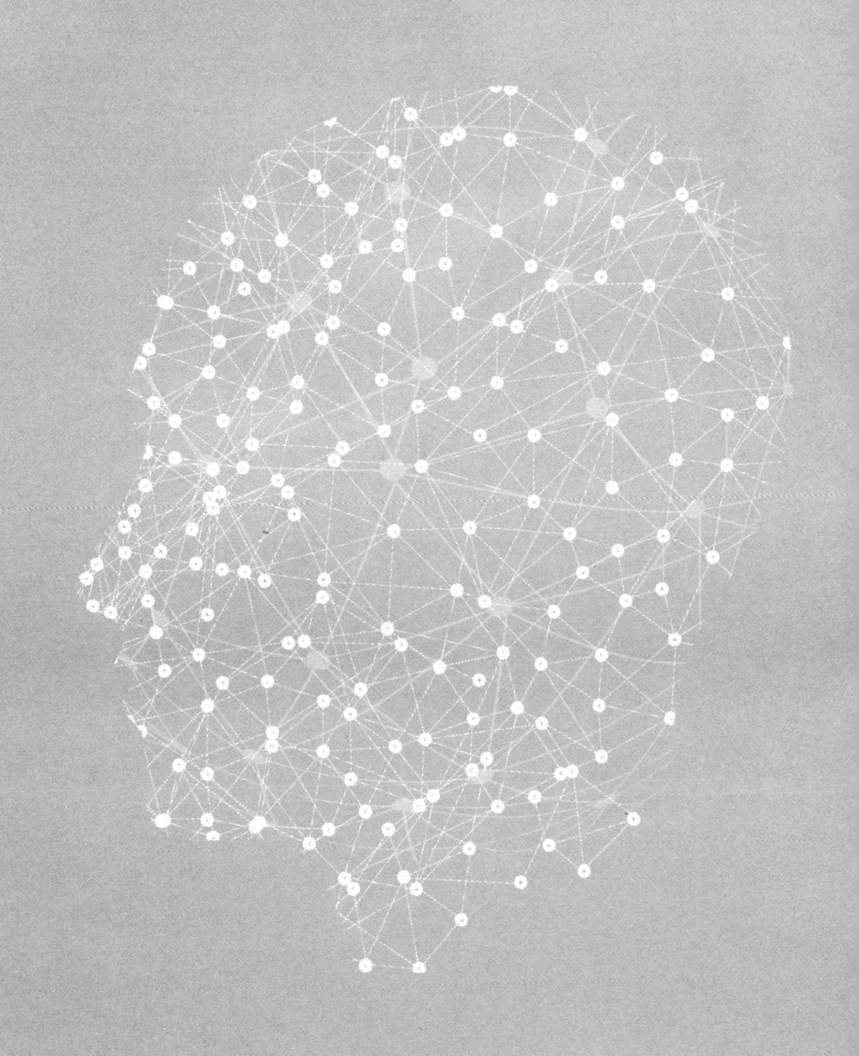

第7章　先进技术

在本章中，我将介绍一些优化器开发的技巧，这些技巧可以扭转模型并使解释器为不容易符合数学优化的 Procrustean 规则的问题提供解决方案。

部分技术使用了迭代法求解一系列局部模型，收敛至我们想要的方案；有些涉及在决策变量层上创造性地使用了层，各层都抽象出了更多层次的细节；有些涉及检查无效模型，以深入了解改进模型。总而言之，其中结合了各种有价值的方法，虽然不尽相同，但共同的目标都是解决更为复杂的问题。

结尾处我提出了一系列经典优化器很少涉及但又是与约束编程基本问题相关的疑问。为了解决这些问题，我们构建了一个小函数库，事实证明，这个函数库非常适合简洁地表达模型。我认为，它证明了通过正确的工具和语言，约束编程的表达力可延续至整数规划中。

7.1　配料问题

配料问题起源于造纸和纺织工业。通常，轧机生产大卷纸张(长、宽均比较大)后再裁剪成客户要求的宽度，这里我们将后者称为客户卷。例如，小报打印机要用 17 英寸宽的纸卷，而宽幅打印机则需要两倍宽度的纸卷。客户卷在打印后会被裁剪成页面大小。在这里，造纸商面临的问题是：裁剪时既要满足客户的需求，又要最大限度地减少浪费。

表 7－1 为随机订单示例，据此来解释我们的模型。表中各列数据表示订单要求的客户卷数量，经过预处理的所需宽度，以产品卷宽度的百分比来表示。

表 7-1　配料问题示例

订　单	纸　卷	宽度/%	订　单	纸　卷	宽度/%
0	6	25	4	8	33
1	12	21	5	2	15
2	7	26	6	2	34
3	3	23			

我们希望尽量减少纸张浪费，这意味着最大限度地减少使用的产品卷总数。但是，为了裁剪，还需要更多的信息，即产品卷既定，如何裁剪？假设一些订单要求 21％和 36％的宽度，那么我们是按照 21％、42％、63％和 99％的宽度裁剪（浪费 1％），还是按照 36％、72％和 93％的宽度裁剪（浪费 7％）？可能我们需要按照第一种方法和第二种方法分别裁剪一半的产品卷才能满足所有要求。使用哪种方法裁剪以及有多少卷已达到既定标准是关键。请参阅图 7-1。

图 7-1　选用哪种方式裁剪

7.1.1　构建模型

最初这个问题通过规定不同的裁剪模式来解决，有时是静态模式，有时是动态模式，多少则受当时技术的影响。随着世界的变化，处理器和解释器都变得更加快捷。好的建模者首先都应该尝试使用最简单的方法去建模，如果失败且仅在这种情况下，可以再尝试更为复杂的方法。因此，采用哪一种模式的问题就留给解释器来决定。

7.1.1.1　决策变量

如果我们将模式决定权留给解释器，那么问题就变成了：对于既定的产品卷，我们从哪里裁剪？但这种要求过于具体。21%、42%、63%、99%的模式与21%、57%、78%、99%的模式是没有差别的。它们完全满足相同的客户需求，即三个21%的宽度和一个36%的宽度。我们知道，对于解释器而言，有多个无差别的方案极其糟糕。因此，问题应该是：产品卷既定，宽度为 w，我们要裁剪多少次？

因此，假设有 N 个订单，产品卷最多为 K，则合理的决策变量为

$$x_{i,j} \in [0,1,2,\cdots] \quad \forall i \in N, \forall j \in K$$

式中，$x_{2,5}=7$ 表示按照第2个订单中规定的宽度，裁剪第5产品卷来获得7个客户卷。虽然裁剪顺序无关紧要，但我们最好对方案进行后处理，以获得要用到的裁剪模式。

由于我们事先不知道需要多少卷，因此必须有一个相应的变量来表示产品卷的使用，如下式：

$$y_j \in \{0,1\} \quad \forall j \in K$$

式中，$y_5=1$ 表示使用了第5卷（从可能的 K 值中选出）。这与设施位置问题中决定打开哪个设施的技巧相同。

最大产品卷数 K 不必精确确定；就此而言，任何上限值均可以。

7.1.1.2　目　标

我们的目标是尽量减少产品卷的数量。我们可以最小化所有 y_j 的总和，但同时这也留出了一种可能，即"使用产品卷1和3，但不使用卷2"。为避免这种情况，我们将使用一个小技巧：把每个新产品卷的价值变得高于上一个产品卷，即

$$\min \sum_{j \in K} j * y_j$$

但是现在，我们的最优目标函数值不再代表已使用的产品卷数量，因此，需要引入一个辅助变量 t，并相加，即

$$t = \sum_j y_j$$

7.1.1.3 约 束

我们有两种类型的约束。第一种类型的约束是确保满足客户需求，因此，在使用的所有产品卷中，我们必须确认是按照订单要求的数量裁剪了足够的产品卷 b_i，可写为

$$\sum_{j \in K} x_{i,j} \geqslant b_i \quad \forall i \in N$$

第二种类型的约束是确认我们裁剪的客户卷不超过大卷的宽度，或者假设订单 i 要求的宽度为 w_i，可写为

$$\sum_{i \in N} w_i x_{i,j} \leqslant 100 \quad \forall j \in K$$

但这并不完整，因为我们还需要把 x 和 y 变量联系起来。如果相应的 y_j 为 0，则 $x_{i,j}$ 均不为正。我们可以引入许多约束条件，或者参考之前遇到过的这种情况，从而仅仅修改最后的约束条件：

$$\sum_{i \in N} w_i x_{i,j} \leqslant 100 y_j \quad \forall j \in K$$

7.1.1.4 可执行模型

如程序清单 7-1 所示，我们把它转换为可执行模型，正如表 7-1 所列，它接受阵列 D。

程序清单 7-1 带模式搜索配料模型(cutting_stock.py)

```
1   def solve_model(D):
2       s,n = newSolver('CuttinguStock', True), len(D)
3       k,b = bounds(D)
4       y = [s.IntVar(0,1,'') for i in range(k[1])]
5       x = [[s.IntVar(0,b[i],'') for j in range(k[1])] \
6           for i in range(n)]
7       w = [s.NumVar(0,100,'') for j in range(k[1])]
```

```
8       nb = s.IntVar(k[0],k[1],'')
9       for i in range(n):
10          s.Add(sum(x[i][j] for j in range(k[1])) >= D[i][0])
11      for j in range(k[1]):
12          s.Add(sum(D[i][1] * x[i][j] for i in range(n)) <= 100 * y[j])
13          s.Add(100 * y[j] - sum(D[i][1] * x[i][j] for i in range(n)) == w[j])
14          if j < k[1] - 1:
15              s.Add(sum(x[i][j] for i in range(n)) >= \
16                  sum(x[i][j + 1] for i in range(n)))
17      Cost = s.Sum((j + 1) * y[j] for j in range(k[1]))
18      s.Add(nb == s.Sum(y[j] for j in range(k[1])))
19      s.Minimize(Cost)
20      rc = s.Solve()
21      rnb = SolVal(nb)
22      return rc,rnb,rolls(rnb,SolVal(x),SolVal(w),D),SolVal(w)
```

在第3行，调用了例程界限来寻找所需卷数的下限和上限，以及与各卷相匹配的各订单的卷数。

第4行使用的卷数的上限尽可能多地创设我们需要的 y（以及与各卷相关的后续约束条件）。

第5行使用各类型卷数的界限来确定各 x 的范围：在给定的任何卷上，我们可以得到从0开始适合客户的数量，或客户要求的数量，即最小表达式。

第10行确保我们通过对给定订单所有卷因素求和来满足各个客户的需求。在这里也可以使用不等式（即 $\geqslant$）。我们认为，裁剪可能超过客户的需求，那么就把它们储存起来等待下一个订单。这样做有时候是有意义的，但通常来说，排除在模型之外会更好。一旦我们有一个能够完全满足客户需求的解决方案，则了解情况并拥有规划工具的人就可以决定如何最好地裁剪剩余的卷。在任何一种情况下，这都不会改变使用的总卷数。

第12行确保裁剪出的客户卷加起来不会超过产品卷的100%。

第13行不是约束条件，仅仅是对各卷的废弃料进行了计算，以便获得有意义的解决方案。

从第 14 行开始的循环打破了多个解决方案的对称性，这些解决方案与我们的目标（卷的任何排列）等价。这些排列以及 $K!$ 使得大多数解释器花费过多时间求解。在这个约束条件下，我们看到解释器偏好裁剪 j 而非 $j+1$ 的排列。我们鼓励读者解决中等问题，不管是否有这种对称中断约束条件。我们看到，在没有约束条件和有约束条件时，解决问题分别需要 48 小时和 48 分钟。当然，对于在数秒钟内解决的问题，约束条件并无帮助，甚至会妨碍问题的解决。但是，如果配料问题两三秒即能解决，谁还会在意这个？

我们更关心 2 分钟和 3 小时之间的差异，而这也是约束条件要解决的问题。

就目标函数而言，我们可以使用已用卷的简单加总，即变量 y，并预处理未使用的卷。但是，我们使用了一点小技巧，通过引入序数因子把各个额外卷变得更加“昂贵”。这保证了如果卷的预估数量在 11～14 之间且我们最终会使用 12 卷，则使用的 12 卷为前 12 卷，不存在“缺口”。

还有其他目标函数。例如，我们可以最大限度地减少废弃料的总和。这是有道理的，特别是如果需求约束为不等式约束时。然后，最大限度地减少废弃料意味着更多的 CPU 周期才能找到满足需求的更有效模式。如果需求宽度经常重复出现时更加有利，可以将裁剪卷储存起来用于将来的需求。请注意，该目标函数下的执行时间将快速增长。

最后，我们重新安排解决方案使其对调用者有意义。我们使用裁剪模式和各卷废弃料（非使用决策变量 x 和 y）返回一份包含所有卷的清单。

由于我们需要设置卷数量和最大裁剪量的界限，在单卷上满足给定的订单，程序清单 7-2 实现了一个简单的启发式算法。显然，最小值等于所有宽度之和除以单卷的宽度 100，我们假设所有宽度均为百分数。上限由优先适合启发式计算得出：我们按顺序加上各卷，直至不再有适合项。虽然这种方法并不聪明，但也能达到目的。

程序清单 7-2　配料界限计算

```
1   def bounds(D):
2       n, b, T, k, TT = len(D), [], 0, [0,1], 0
3       for i in range(n):
4           q,w = D[i][0], D[i][1]
5           b.append(min(D[i][0],int(round(100/D[i][1]))))
6           if T+q*w <= 100:
7               T,TT = T+q*w,TT + q*w
8           else:
9               while q:
10                  if T+w <= 100:
11                      T,TT,q = T+w,TT+w, q-1
12                  else:
13                      k[1],T = k[1]+1, 0
14      k[0] = int(round(TT/100+0.5))
15      return k, b
```

程序清单 7-3 重新更改了解的格式，使其对调用者更有意义。它返回一个数组，其中包含每个卷上产生的废弃料的百分比以及使用的裁剪模式。当然，可以置换所示的裁剪模式且不改变废弃料的百分比。有关这个小例子的输出可参见表 7-2。

程序清单 7-3　配料模型求解后处理

```
1   def rolls(nb, x, w, D):
2       R,n = [],len(x)
3       for j in range(len(x[0])):
4           RR=[abs(w[j])]+[int(x[i][j])*[D[i][1]] for i in range(n) \
5                       if x[i][j]>0]
6           R.append(RR)
7       return R
```

表 7-2 配料的最优解

纸 卷	废料 85.0	模 式
0	5.0	{26;23;23;23}
1	16.0	{21;21;21;21}
2	4.0	{25;25;25;21}
3	4.0	{21;21;21;33}
4	1.0	{21;26;26;26}
5	1.0	{21;26;26;26}
6	0.0	{25;21;21;33}
7	0.0	{33;33;34}
8	45.0	{25;15;15}
9	1.0	{33;33;33}
10	8.0	{25;33;34}

7.1.2 预分配裁剪模式

虽然前一种方法最优，但即便使用对称中断约束，缩放范围也不会很好。在这里，我描述一种通常不太理想，但可用来解决更多例子的方法。

基本思路是固定裁剪模式，并在满足需求的同时仅使用模式优化卷数。试想一下，阵列 A 中给出了表 7-2 最后一列的不同模式，以及阵列 D 中给出了表 7-1 最后一列的不同模式。然后我们可以得到一个由 A 模式索引的决策变量 y，表示根据该模式裁剪多少卷。象征性地，我们使用如下模型：

$$\min \sum_j y_j$$

$$A_{j,i} y_j \geqslant D_i \quad \forall i$$

$$y_j \in [0,1,2,\cdots]$$

在仔细考虑模式数量之前，看起来很简单。如果我们事先不知道使用哪种模式，那么最简单的办法就是列出所有模式。有多少模式呢？答案是天文数字，即便对于小例子也是如此。

因此，我们有一个绝妙的主意：从一组特定模式开始优化。然后以尚未确定的方式，找到一些“更好”的模式来添加。一般来说，这被称为优化器[①]的列生成。重复优化直至找不到“更好的”模式，或者直至没有时间，或者对已找到的解决方案感到满意。程序清单7-4使用了更高级的方法。

程序清单7-4　使用给定模式的配料模型

```
1  def solve_large_model(D):
2      n,iter = len(D),0
3      A = get_initial_patterns(D)
4      while iter < 20:
5          rc,y,l = solve_master(A,[D[i][0] for i in range(n)])
6          iter = iter + 1
7          a,v = get_new_pattern(l,[D[i][1] for i in range(n)])
8          for i in range(n):
9              A[i].append(a[i])
10     rc,y,l = solve_master(A,[D[i][0] for i in range(n)],True)
11     return rc,A,y,rolls_patterns(A, y, D)
12
13 def solve_master(C,b,integer = False):
14     t = 'Cutting stock master problem'
15     m,n,u = len(C),len(C[0]),[]
16     s = newSolver(t,integer)
17     y = [s.IntVar(0,1000,'') for j in range(n)] # right bound?
18     Cost = sum(y[j] for j in range(n))
19     s.Minimize(Cost)
20     for i in range(m):
21         u.append(s.Add(sum(C[i][j] * y[j] for j in range(n)) >= b[i]))
22     rc = s.Solve()
23     y = [int(ceil(e.SolutionValue())) for e in y]
24     return rc, y, [0 if integer else u[i].DualValue() \
25             for i in range(m)]
```

① 对于优化器，其表达式列的生成源于将约束集视为一个阵列。

在第 4 行，我们将优化过程循环为特定次数。这是一个简单的终止准则，我们可以根据待求解的问题规模和希望等待的时间来调整它。当然还有更好的准则，包括一直循环找到真正的最优解，但这些准则会让我们深陷优化理论，而不考虑实际需求。

主要问题正如上文描述的：在给定允许配料模式集合的前提下，尽最大的努力将纸卷数量降到最低。这里有两个小技巧。第一个技巧是我们通过线性规划而非整数规划来解决这个优化问题，尽管我们实际想要的是一个整数解，即纸卷数量。这么做是为了加快速度。最后，我们采用简单舍入法得到纸卷数量。因为很显然，如果 4.6 卷就能满足需求，5 卷必然也能。第二个技巧涉及寻找更好配料模式所需的信息。考虑以第 21 行描述的形式存在一个约束条件，比如对于产品卷 5，假设我们需要 28 个消费者卷来满足需求，根据给定的配料模式，可以得知：配料模式 1 需要用 3 次产品卷 5，配料模式 3 需要用 5 次，配料模式 10 需要用 1 次(其他配料模式无需产品卷 5)。所以约束条件如下式所示：

$$3y_1 + 5y_3 + 1y_{10} \geqslant 28$$

式中，解是 y。如果将 28 改变 1 个单位而保持其他条件恒定，会有什么效果？这会稍微地改变最优解的值，即产品卷 5 的边际价值。理论上我们可以针对每个产品卷这样操作，然后得到它们每个的边际价值。通过设计，解释器已经能计算出这些边际价值；这是求解方法的一个副产品。因此我们通过调用 DualValue 函数在第 25 行请求这些边际价值。

最后，我们更改解的格式，使得它对调用者更有意义。我们返回一个数组，其中包含所用的配料模式，以及所用的每个产品卷发生的浪费。

下面这个模型(程序清单 7 - 5)为主模型优化寻找一种新的配料模型，通过上面主模型的解充分使用了每个卷的边际价值，并最大化一个配料模式中每个卷的出现次数值之和，同时在第 7 行确保该配料模式保持在大纸卷的总长度内。这是一个能很快求解的背包问题。

程序清单 7-5 配料模型(新模式 1)

```
1  def get_new_pattern(l,w):
2       s = newSolver('Cuttingustockuslave', True)
3       n = len(l)
4       a = [s.IntVar(0,100,'') for i in range(n)]
5       Cost = sum(l[i] * a[i] for i in range(n))
6       s.Maximize(Cost)
7       s.Add(sum(w[i] * a[i] for i in range(n)) <= 100)
8       rc = s.Solve()
9       return SolVal(a), ObjVal(s)
```

我们还有两个元素没有描述：初始配料模式，以及为了让解更有意义而对其进行的形式更改。从程序清单 7-6 中可以看出，初始配料模式必须保证允许一个可行解，即满足所有需求的一个解。针对这个问题，我们要么很有创造力，要么束手无策。考虑到已经很复杂的模型，我们决定走第二条路径：不纠结这个问题。我们的初始配料模式是：每个配料模式对应一种产品卷。这显然可行，但效率也很低。

程序清单 7-6 配料模型(新模式 2)

```
1  def get_initial_patterns(D):
2       n = len(D)
3       return [[0 if j != i else 1 for j in range(n)]\
4           for i in range(n)]
5
6  def rolls_patterns(C, y, D):
7           R,m,n = [],len(C),len(y)
8           for j in range(n):
9               for _ in range(y[j]):
10                  RR = []
11                  for i in range(m):
12                      if C[i][j]>0:
13                          RR.extend([D[i][1]] * int(C[i][j]))
14              w = sum(RR)
15          R.append([100 - w,RR])
```

```
16        return R
```

针对这个小例子,表 7-3 给出了通过这种列生成法得到的解。请注意这个解可能会使用更多的产品卷,但实际的配料效率会更高。这个解是超出实际需求的,当然是因为我们采用了舍入法。

表 7-3 使用列生成法求解配料问题的次优解

纸 卷	废料 1	模 式
0	0	{33;33;34}
1	0	{25;21;21;33}
2	0	{25;21;21;33}
3	0	{25;21;21;33}
4	0	{25;21;21;33}
5	0	{25;21;21;33}
6	0	{26;26;33;15}
7	0	{26;26;33;15}
8	0	{25;26;26;23}
9	0	{25;26;26;23}
10	1	{21;21;23;34}

7.2 非凸问题相关技巧

在讨论分段目标(第 3 章 3.1 节)时曾提到,如果函数是非凸的,那么所建议的方法就无法奏效。当时,我们采用了规模经济模型的一个成本函数来解释;也就是说,单价会随着单位数量的增加而下降。示例见表 7-4。

表 7-4　非凸分段函数示例

(From	To]	单位成本	(总成本	总成本]
0	194	18	0	3 492
194	376	16	3 492	6 404
376	524	14	6 404	8 476
524	678	13	8 476	10 478
678	820	11	10 478	12 040
820	924	6	12 040	12 664

如果我们试图通过模态法在 $x \geqslant 250$ 的条件下做些什么工作,即使是最小化这个函数这样简单的事情,我们也会得到表 7-5 所列的结果。这显然无法解决问题,因为

$$\begin{aligned} f(250) &= 194 \times 18 + (250 - 194) \times 16 \\ &= 3\ 492 + 56 \times 16 \\ &= 3\ 492 + 896 \\ &= 4\ 388 \end{aligned}$$

当然,如果我们试图最大化这个函数,这种方法就会有用。凸函数最大化和最小化都属于简单问题。这里我将讨论的是棘手的问题。

回顾一下,这种方法是为了在函数每个断点引入一个决策变量 λ_i,以此来指示最优点所在段和具体位置(由凸组合 $x = l_i P_i + l_{i+1} P_{i+1}$ 表示)。这个模型就变成为

$$\min \sum_{i=1}^{n} \lambda_i \sum_{j=1}^{i} (B_j - B_{j-1}) \times C_{j-1}$$

$$\sum_i \lambda_i = 1$$

$$x = \sum_i \lambda_i B_i$$

$$\lambda_i \in [0,1]$$

以及其他约束条件。

表 7-5　$x \geqslant 250$ 非凸分段目标的错误解

间　隔	0	1	2	3	4	5	6	解
δ_i	0.729 4	0.0	0.0	0.0	0.0	0.0	0.270 6	$\sum\delta = 1.0$
x_i	0	194	376	524	678	820	924	$x=250.0$
$f(x_i)$	0	3 492	6 404	8 476	10 478	12 040	12 664	Cost=3 426

这个模型的问题是，即使在最优点，λ_i 求和为 1 时，我们也会得到两个不相邻的非零 λ_i。要确定函数的哪一段是我们需要考虑的对象，我们必须得到两个相邻的非零 λ_i。我们引入了另一个求和为 1 的二元变量集合 $\delta_i \in \{0\ ,1\}$，其和为 1，实现了这个目的，然后加入如下条件：

$$
\begin{aligned}
&\lambda_0 \leqslant \delta_0 \\
&\lambda_1 \leqslant \delta_0 + \delta_1 \\
&\lambda_2 \leqslant \delta_1 + \delta_2 \\
&\lambda_3 \leqslant \delta_2 + \delta_3 \\
&\vdots \\
&\lambda_{n-1} \leqslant \delta_{n-2} + \delta_{n-1} \\
&\lambda_n \leqslant \delta_{n-1}
\end{aligned}
$$

当其中一个 δ_i 为 1 时，会发生什么情况？显然上面会有两个相邻的不等式的右侧各自出现一个 1。因此，允许有相邻的两个 λ_i 不为 0。

这种方法（两层元变量）适合所有整数解释器，但是在实际中经常发生“最多两个相邻变量不为零”的情况，所以一些解释器采用特殊代码来处理。这些变量也称为 SOS2（第二类特殊有序集合）。这就引发了下面的问题：是不是存在第一类特殊有序集合呢？的确，是存在“正好一个非零变量”的第一类特殊有序集合。但是，我们通过 SOS1 和 SOS2 的特殊情况来考虑几种有用的一般化处理。

7.2.1　从 n 个变量中选择 k 个非零变量

设想一个由 n 个变量组成的集合 $x_i \in [0, u_i]$，我们想使得其中 k 个不为零。举个例子，如果您考虑投资多个项目，并建立了一个模型来选择最好的投资组合，假设其中 k 个项目即构成这样的最佳组合（如果 $k=1$，这就是所谓的 SOS1 情况）。我们引入 n 个二元变量 λ_i，并加入如下约束条件：

$$x_i \leqslant u_i \lambda_i \quad \forall i, \tag{7.1}$$

$$\sum_i \lambda_i = k \tag{7.2}$$

如果我们想要获得“最多”解，就用“$\leqslant$”号替代式（7.2）中的等号；如果想要获得“最少”解，就用“$\geqslant$”替代式（7.2）中的等号。因为这种情况在建模中很常见，所以我们要创建一个可用于任何给定模型的通用函数。见程序清单 7－7。

程序清单 7－7　如何从 n 个变量中选择 k（my or tools.py）

```
1   def k_out_of_n(solver,k,x,rel = '=='):
2       n = len(x)
3       binary = sum(x[i].Lb() == 0 for i in range(n)) == n and \
4                sum(x[i].Ub() == 1 for i in range(n)) == n
5       if binary:
6           l = x
7       else:
8           l = [solver.IntVar(0,1,'') for i in range(n)]
9           for i in range(n):
10              if x[i].Ub() > 0:
11                  solver.Add(x[i] <= x[i].Ub() * l[i])
12              else:
13                  solver.Add(x[i] >= x[i].Lb() * l[i])
14      S = sum(l[i] for i in range(n))
15      if rel == '==' or rel == '=':
16          solver.Add(S == k)
```

```
17      elif rel == '>=':
18          solver.Add(S >= k)
19      else:
20          solver.Add(S <= k)
21      return l
```

我们编写程序清单 7-7 来处理多种情况。首先,我们需要挑选出二元变量,因为这些变量不需要附加的变量层。我们在第 4 行检测二元情况:检查是否所有下边界都为 0,所有上边界都为 1。不满足这些条件的变量,其二元标志将被设置为 False。

在二元情况下,我们只是简单地将参数 x 更名为 l;在其他情况下,需要创建一个二元变量数组 l,如果 $x\in[0,u]$,则在第 11 行为式(7.1)设定强制边界;如果 $x\in[l,0]$,则在第 13 行进行相应设定。

最后,我们根据调用者是想选择“正好”、“最多”还是“最少”k 个变量,而给 l 设置三种对应关系之一。注意,关系“>=”指的是“最少允许 k 个变量为非零”。它并不意味着一定有 k 个变量为非零。①

读者可能记得在本书 2.1 节讨论变量时,我们遗留了“如果使用了食品 3,那么就必须不能使用食品 4(反之亦然)”这种形式的未得到满足的要求。现在,很容易就可以满足这种“异或”的要求。从程序清单 2-1 中得知,我们的食品选择模型使用了决策变量 f。接着,我们可以给这个模型中再增加一行代码:

```
k_out_of_n(s, 1, [f[3],f[4]])
```

其中,将食品 3 和 4 插入一个数组,这个数组将传递到我们最新生成的例程中。

① 虽然可以对这些约束进行建模,但对于连续变量来说,它很少有意义。

7.2.2　从 n 个变量中选择 k 个相邻非零变量

如果想要一般化我们用于实现非凸目标的非零相邻约束条件，就需要多层二元变量。要说明这一点，可以考虑一个变量集合 $x_i \in [0, u_i]$，我们想从中获得三个相邻的非零变量。我们引入满足如下条件的二元变量 λ_i、δ_i 和 γ_i：

$$
\begin{array}{lll}
x_0 \leqslant \lambda_0 u_0 & \lambda_0 \leqslant \delta_0 & \delta_0 \leqslant \gamma_0 \\
x_1 \leqslant \lambda_1 u_1 & \lambda_1 \leqslant \delta_0 + \delta_1 & \delta_1 \leqslant \gamma_0 + \gamma_1 \\
x_2 \leqslant \lambda_2 u_2 & \lambda_2 \leqslant \delta_1 + \delta_2 & \delta_2 \leqslant \gamma_1 + \gamma_2 \\
x_3 \leqslant \lambda_3 u_3 & \lambda_3 \leqslant \delta_2 + \delta_3 & \delta_3 \leqslant \gamma_2 + \gamma_3 \\
\vdots & \vdots & \vdots \\
x_{n-1} \leqslant \lambda_{n-1} u_{n-1} & \lambda_{n-1} \leqslant \delta_{n-2} + \delta_{n-1} & \delta_{n-1} \leqslant \gamma_{n-2} \\
x_n \leqslant \lambda_{un} & \lambda_n \leqslant \delta_{n-1} & \\
\sum \lambda_i = 3 & \sum \delta_i = 2 & \sum \gamma_i = 1
\end{array}
$$

要想了解这组约束条件的作用机理，需要倒着从 γ 读到 λ。只有一个 γ_i 为非零。这就允许有两个相邻的 δ_i 为非零，反过来，会允许三个相邻的 λ_i 为非零。接着，最后几个二元变量就对应于三个被允许为非零的相邻 x_i。程序清单 7-8 实施了非常漂亮的一个递归结构。我们允许调用者有一定的灵活度，可以接受被选择为零的变量个数或者全部变量个数。这样做并不是有什么普遍意义，而是因为可以帮助构建一个包含所有边界情况的循环结构。

程序清单 7-8　如何从 n 个变量中选择 k 个非零相邻变量

```
1   def sosn(solver,k,x,rel = ' <= '):
2       def sosnrecur(solver,k,l):
3           n = len(l)
```

```
4           d = [solver.IntVar(0,1,'') for _ in range(n-1)]
5           for i in range(n):
6               solver.Add(l[i] <= sum(d[j] \
7                   for j in range(max(0,i-1),min(n-2,i+1))))
8           solver.Add(k == sum(d[i] for i in range(n-1)))
9           return d if k <= 1 else [d,sosnrecur(solver, k-1, d)]
10      n = len(x)
11      if 0 < k < n:
12          l = k_out_of_n(solver,k,x,rel)
13          return l if k <= 1 else [l,sosnrecur(solver,k-1,l)]
```

第一层约束条件不同于其他约束条件，因为它们的变量可能是连续的。第 12 行代码通过调用函数处理这个问题；所调用的函数创建一层二元变量，给每个连续变量设置边界，并且返回二元数组。接着，在第 13 行对私有函数 sosnrecur 的递归调用实施了连续二元变量层，每一层比上一层少一个变量。所有内部层都将返回给调用者。根据这个模型，我们实施了一个简单的测试，从随机创建的数组中选择非相邻和相邻整数，使得求和最大。表 7-6 给出了测试结果。

表 7-6 选择 k 和 k 个相邻变量的最大和

Max Sum of	6	10	13	12	13	9	13	10	5
1/9			x						
Adjacent 1/9							x		
2/9					x		x		
Adjacent 2/9			x	x					
3/9			x		x		x		
Adjacent 3/9			x	x	x				
4/9			x	x	x		x		
Adjacent 4/9		x	x	x	x				
5/9			x	x	x		x	x	
Adjacent 5/9			x	x	x	x	x		
6/9		x	x	x	x		x	x	

续表 7-6

Max Sum of	6	10	13	12	13	9	13	10	5
Adjacent 6/9			x	x	x	x	x	x	
7/9		x	x	x	x	x	x	x	
Adjacent 7/9		x	x	x	x	x	x	x	
8/9	x	x	x	x	x	x	x	x	
Adjacent 8/9	x	x	x	x	x	x	x	x	
9/9	x	x	x	x	x	x	x	x	x
Adjacent 9/9	x	x	x	x	x	x	x	x	x

现在我们再回去看非凸目标函数，研究如何简单地解决这个问题。给同一个例子(表 7-4)执行程序清单 7-9，现在会产生表 7-7 所列的正确解。注意，$d_i=1$，表明只允许 λ_1 和 λ_2 为非零。所以现在已经找到了分段函数的正确片段，就在点 1 和点 2 之间；我们可以正确地确定解 x 及其最优值 $f(x)$。

程序清单 7-9 非凸函数的分段模型(piecewise_ncvx.py)

```
1   def minimize_piecewise_linear(Points,B,convex = True):
2       s,n = newSolver('Piecewise', True),len(Points)
3       x = s.NumVar(Points[0][0],Points[n-1][0],'x')
4       l = [s.NumVar(0,1,'l[%i]' % (i,)) for i in range(n)]
5       s.Add(1 == sum(l[i] for i in range(n)))
6       d = sosn(s, 2, l)
7       s.Add(x == sum(l[i] * Points[i][0] for i in range(n)))
8       s.Add(x >= B)
9       Cost = s.Sum(l[i] * Points[i][1] for i in range(n))
10      s.Minimize(Cost)
11      rc = s.Solve()
12      return rc,SolVal(l),SolVal(d[1])
```

表 7-7　$x \geqslant 250$ 的非凸分段目标的正确解

0	1	2	3	4	5	6	解
0.0	0.692 3	0.307 7	0.0	0.0	0.0	0.0	$\sum\lambda = 1.0$
0	194	376	524	678	820	924	$x=250.0$
0	1	0	0	0	0		$\sum\delta = 1$
0	3 492	6 404	8 476	10 478	12 040	12 664	$f(x)=4\ 388.00$

7.2.3　从 n 个约束条件中选择 k 个条件

一个相关的选择是需要被满足的特定数量约束条件(同时允许违反其他约束条件)。我们先来考虑只有一个约束条件的情况,假设

$$\sum_i a_i x_i \leqslant b \tag{7.3}$$

式中,x 是决策变量。我们可能会希望如果约束条件得到满足,则增加指示变量值;或者如果指示变量值增加,则强制满足该约束条件:

$$\delta = 1 \Rightarrow \sum_i a_i x_i \leqslant b \tag{7.4}$$

或者

$$\sum_i a_i x_i \leqslant b \Rightarrow \delta = 1 \tag{7.5}$$

这种将一个二元变量和一个约束条件的状态关联起来的方法就是 reifying(具体化)约束条件。

首先,我们简单考虑一下式(7.4)。我们需要边界:

$$u_b := \max_x \sum_i a_i x_i - b$$

$$l_b := \min_x \sum_i a_i x_i - b$$

尽管很容易准确地计算边界,但是并不需要这样。凡是有效的边界都有用,但需要谨记:为了避免数值麻烦,不建议引入“大”数字。有了这些参

数，我们就能添加约束条件。

$$\sum a_i x_i \leqslant b + u_b(1-\delta)$$

如果 $d = 0$，那么这个约束条件在 x 域中就是一个空约束。相反，如果 $d = 1$，这个约束条件一定成立。

另一个方向，即式(7.5)，既无用又复杂；但在练习将逻辑表达转换为代数表达时，它是一个有趣的手段。

首先，我们构造式(7.5)的逆命题，也就是

$$\delta = 0 \Rightarrow \sum_i a_i x_i \nleqslant b \quad 或 \quad \delta = 0 \Rightarrow \sum_i a_i x_i > b$$

如果 a、b、x 都是整数变量，那么 $\sum a_i x_i > b$ 的意义就很清楚。它意味着 $\sum a_i x_i \geqslant b + 1$。当 x 是一个连续变量时，就出现了主要的麻烦。接着，我们需要确定"$>$"的意义，它具体取决于我们建模的问题。

我们需要规定对不等式增加一个 ε 违反项就足够了。如果 x 代表以米为单位的可见光波长，那么 ε 的值可能是 10^{-9} 数量级；如果 x 代表美国政府的军费支出，那么 ε 的为 10^5 就比较合适。无论何种情况，我们现在想要实施的是：

$$\delta = 0 \Rightarrow \sum_i a_i x_i \geqslant b + \varepsilon \tag{7.6}$$

一旦建模者规定了 ε，我们就添加：

$$\sum a_i x_i \geqslant b + l_b \delta + \varepsilon(1-\delta) \tag{7.7}$$

如果 $\delta = 0$，则这个不等式会还原为式(7.6)。如果 $\delta = 1$，则下边界起作用，这时约束为空。针对"$<$"的情况，可采用上述类似方法，甚至可以更简单地处理，比如给每一项都乘以"-1"，再使用上面的不等式。针对"$=$"的情况，可将其转化为两个不等式来解决。

有了这些公式以后，我们可以为每一个约束条件创建一个指示变量 δ_i，并利用前面针对 δ 定义的 k_out_of_n 函数，从而从 n 个约束中选择 k 个。首先，因为我们需要边界，而且可以很轻松地通过线性规划找到边界，所以我

们来完成这一步。在给定 a、x、b 的情况下，程序清单 7-10 会找到 $\sum a_i x_i - b$ 的最紧致上下边界。

程序清单 7-10　如何在长方体上绑定线性约束

```
1   from ortools.linear_solver import pywraplp
2   def bounds_on_box(a,x,b):
3       Bounds,n = [None,None],len(a)
4       s = pywraplp.Solver('Box',pywraplp.Solver.
        GLOP_LINEAR_PROGRAMMING)
5       xx = [s.NumVar(x[i].Lb(), x[i].Ub(),'') for i in range(n)]
6       S = s.Sum([-b] + [a[i] * xx[i] for i in range(n)])
7       s.Maximize(S)
8       rc = s.Solve()
9       Bounds[1] = None if rc != 0 else ObjVal(s)
10      s.Minimize(S)
11      s.Solve()
12      Bounds[0] = None if rc != 0 else ObjVal(s)
13      return Bounds
```

读者可能会问为什么。在第 5 行，我们没有使用所提供的参数 x，而是创建了它的拷贝。原因在于：x 与调用者的解算对象绑定在一起，而函数 bounds_ on_box 则创建了一个新的解算实例。但糟糕的是，bounds_on_box 函数可能会被同一个 x 调用多次，每个解释器都很可能试图给 x 绑定不同的值。如果我们使用所传递的值，很快就会给调用者带来一个不一致的模型，甚至，还会产生与原始问题无任何关联的无意义结果。因此，我们需要不同的变量。

绕了一大圈计算完线性函数的边界之后，我们需要实施这个函数，将一个约束条件具体化为一个 0-1 变量 δ，并且在 δ 被设定为 1 时强制执行该约束条件。该过程见程序清单 7-11。

函数 reify_force 接受在 a、x 和 b 中定义仿射函数 $\sum a_j x_j - b$ 所必需的参数(注意符号)。这个函数还接受三个可选参数。第一，如果调用者对于指示数组有其他用途，可以创建并传递这个指示数组；如果没有，则会在第5行创建这个指示数组。在这两种情况下，返回的都是这个指示数组。第二，关系类型可能是≤、≥和=三者之一。第三，如果调用者在线性函数上有边界，这些边界可能会被传递进去。这样会避免调用我们的bounds_on_box函数。在决策变量没有边框的情况下，有必要采用这种操作。

程序清单7-11　如何具体化约束以及如何实施约束

```
1  def reify_force(s,a,x,b,delta = None,rel = '<=',bnds = None):
2      # delta == 1 ---> a*x <= b
3      n = len(a)
4      if delta is None:
5          delta = s.IntVar(0,1,'')
6      if bnds is None:
7          bnds = bounds_on_box(a,x,b)
8      if rel in ['<=','==']:
9          s.Add(sum(a[i] * x[i] for i in range(n)) <= b + bnds[1] * (1 - delta))
10     if rel in ['>=','==']:
11         s.Add(sum(a[i] * x[i] for i in range(n)) >= b + bnds[0] * (1 - delta))
12     return delta
```

如果用户没有提供最紧致的上下边界，我们使用bounds_on_box函数来找到它们（假定x域是紧致的）。可能会出现大量被实例化的解，对这一点读者无须惊讶。每个实例都很小，运行速度非常快。

最后，我们添加经过恰当修正的约束条件：可以是实施公式(7.7)来获得"≤"的关系，也可以是对应"≥"的约束条件。见程序清单7-12。如果调用者要求"="的关系，我们就需要同时添加这两个约束，因为

$$\sum_j a_j x_j \leqslant b \wedge \sum_j a_j x_j \geqslant b \Rightarrow \sum_j a_j x_j = b$$

程序清单7-12　如何具体化约束并在满足约束的情况下提高指标

```
1  def reify_raise(s,a,x,b,delta = None,rel = '<=',bnds = None,eps = 1):
2      # a*x <= b ---> delta == 1
3      n = len(a)
```

```
4        if delta is None:
5            delta = s.IntVar(0,1,'')
6        if bnds is None:
7            bnds = bounds_on_box(a,x,b)
8        if rel == '<=':
9            s.Add(sum(a[i] * x[i] for i in range(n)) \
10               >= b + bnds[0] * delta + eps * (1 - delta))
11       if rel == '>=':
12           s.Add(sum(a[i] * x[i] for i in range(n)) \
13               <= b + bnds[1] * delta - eps * (1 - delta))
14       elif rel == '==':
15           gm = [s.IntVar(0,1,'') for _ in range(2)]
16           s.Add(sum(a[i] * x[i] for i in range(n)) \
17               >= b + bnds[0] * gm[0] + eps * (1 - gm[0]))
18           s.Add(sum(a[i] * x[i] for i in range(n)) \
19               <= b + bnds[1] * gm[1] - eps * (1 - gm[1]))
20           s.Add(gm[0] + gm[1] - 1 == delta)
21       return delta
```

函数 reify_raise 和函数 eify _force 共享很多结构，包括必须和可选参数集合。二者的第一个不同点是：如上文讨论的那样，在连续变量情况下，调用者必须提供违反的意义，即 eps。其默认值是 1，非常符合离散变量的情况。

第二个不同点是：我们无法在所有情况下都依赖参数 delta。在"≤"或"≥"关系中，我们可以依赖它；但是在"="关系中则不行。问题在于等号会通过两种方式失效：左侧可能会大于或者小于右侧。这也是为什么我们要引入另外两个二元变量 gm[0] (really γ_0)和 gm[1] (really γ_1)来反映每种违反的类型。

$$\sum_j a_j x_j > b + \varepsilon \Rightarrow \gamma_0 = 1$$

$$\sum_j a_j x_j < b - \varepsilon \Rightarrow \gamma_1 = 1$$

接着，通过下面的小技巧就能使用 γ 数组来设置 δ。因为 γ 数组无法同时为零，它们之和要么是 1，要么是 2，尤其是当 δ 需要为 0 或者 1 时，因此 $g_0 + g_1 - 1 = d$。

最后一步，我们创建 reify 函数来实施之前由 force 和 raise 函数分别实施的 if 和 only if（当且仅当）条件，见程序清单 7-13。

程序清单 7-13　当且仅当满足约束时设置的指示符变量

```
1    def reify(s,a,x,b,d = None,rel = ' <= ',bs = None,eps = 1):
2        # d == 1 <---> a * x <= b
3        return reify_raise(s,a,x,b,reify_force(s,a,x,b,d,rel,bs),rel, bs,eps)
```

7.2.4　大中取大和小中取小

要了解如何应用这个技巧，回想一下 2.3.2.1 小节我们遗留的未求解的需满足一些约束条件的 maximax（大中取大）建模问题：

$$\max_x \max_i \sum_j a_{i,j} x_j + b_i$$

还有同样贻害无穷的 minmin（小中取小）问题。要解决这个问题，首先要将每个仿射函数转换为如下形式的约束条件：

$$\sum_j a_{i,j} x_j + b_i = z$$

接着，我们将每个等号转换为一对不等号，对它们进行具体化处理，并采用析取法来强制执行其中一个不等号。之后，我们将目标函数设置为求取 z 的最大值。我的确说过这个问题有些麻烦，但是通过我们在这一节开发的方法，只需几行代码就能解决它，见程序清单 7-14。比如，我们将求解下面的问题：

$$\max_{x \in [2,5]} \max\{2x - 3, -2x + 12\}$$

图 7-2 是这个问题的图形化表示，图中有两个函数，最大值用粗线表示。这毫无疑问是一个非凸目标，而且我们可以采用其他方法解决这种简

单的问题,但是效率可能会大打折扣。举个例子,我们可以评估关于寻找多面体顶点的所有函数。为此,我们必须首先找到顶点。而要找到顶点,就必须求解指数量级的线性规划或者指数量级的线性方程组。在最糟糕的情况下,我们的方法在理论上需要大量的工作,但在实际中,从未如此。

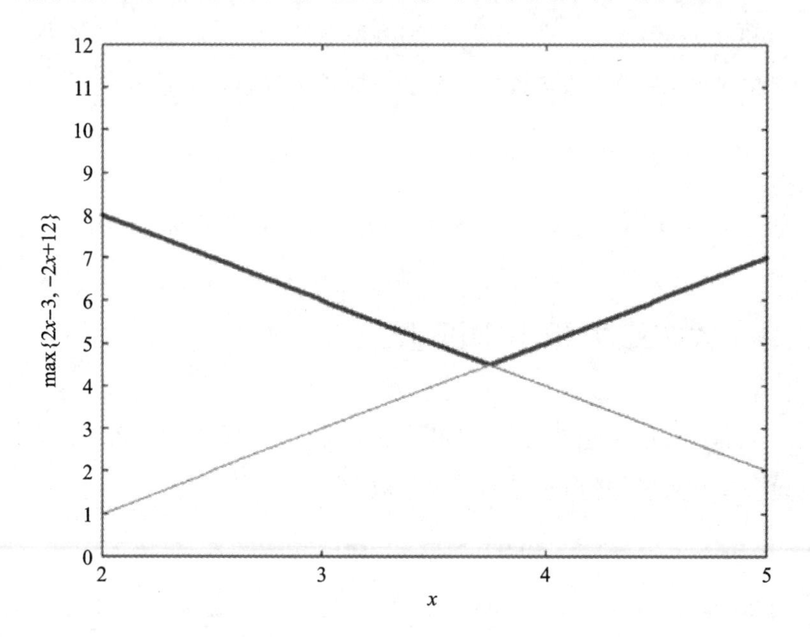

图 7-2 域[2,5]上的 $\max\{2x-3,-2x+12\}$

程序清单 7-14 如何解决最大值问题(my or tools. py)

```
1   def maximax(s,a,x,b):
2       n = len(a)
3       d = [bounds_on_box(a[i],x,b[i]) for i in range(n)]
4       zbound = [min(d[i][0] for i in range(n)), max(d[i][1] \
5           for i in range(n))]
6       z = s.NumVar(zbound[0],zbound[1],'')
7       delta = [reify(s,a[i] + [-1],x + [z],b[i],None,'==') \
8           for i in range(n)]
9       k_out_of_n(s,1,delta)
10      s.Maximize(z)
```

```
11        return z,delta
```

函数 maximax 接受可以添加 maximax 约束条件解释器，连同阵列 a 以及数组 x 和 b，来代表 n 个仿射函数 $\sum a_{i,j}x_j + b_i, i \in [0, n-1]$。我们创建了附加变量 z 作为需要最大化的目标。要给 z 设置有意义的边界，我们使用 bounds _on _box 函数寻找 x 域中所有仿射函数的最小值和最大值。我们将这些最大值和最小值用作边界。

接着，将每个仿射函数设置为与 z 相等，并在对应的 delta[i]上具体化，使得 $\delta_i = 1 \Leftrightarrow \sum_j a_{i,j}x_j + b_i = z$。最后，我们强制要求其中正好有一个 delta[i]为 1，或者等效地，其中一个仿射函数约束为积极约束。我们设置目标，同时返回目标和指示数组。这样会向调用者提供最优情况下所有必要的信息。

这个小例子的解显然是 $x = 2$，目标值为 $-2x + 12 = 8$。确实，运行程序清单 7 - 14 会返回结果 8.0，[0,1]表明第二个仿射函数是积极约束。

7.3　排班问题

人员排班不是一个问题，而是一串很长的问题数组；其中每个问题都有自己的要求和喜好集合。这里，我将讨论人员排班问题的一个有趣变体。它要求为课程单元安排教师。这个问题的主要特点是处理教师的喜好问题，这一点让它具有吸引力。

一般场景是：针对每周内的课程单元已经分配了对应上课时间。比如，MOR142 课程为三个学分，第 1 单元在星期一、星期三和星期五 9:00—10:00 上课；第 2 单元在星期二和星期四 9:00—10:30 上课。每个单元都需要一名教师。各个课程有几十个单元，每一门课程都有对应的上课时间和学分，现在需要分配教师。

我们还有一个教师集合，有些教师是全职的，从事固定学分的教学工作；有些教师是兼职的，从事不超过特定学分的教学工作。此外，教师没有分身术，不能在同一时间提供两个平行单元的教学工作。这些都是硬性约束。

如果这些都是必需的约束，这个模型就会变成针对分配问题建立的模型。但是实际的排班永远不会和分配问题一样简单。所以，我们需要再考虑一条约束。

有趣的是：每名教师还对单元对子有间接表达的喜好（或厌恶）。举个例子，可能存在这样两对安排：星期一晚上和星期二早上分别一次单元 A；一次单元 A 结束后不到一个小时，再一次单元 A。这也许就很容易想象为什么有的教师想要避免（或可能喜欢）背靠背连续上课安排。

要说明这一点，我们假设这样一个实例，其中所有喜好和喜好对子都以其最简单的形式经过了处理和表达，见表 7－8（针对单元）、表 7－9 和表 7－11。要抽象出这些表格里的数据并对其进行格式处理，可能需要大量的预处理工作，但这并不是我们目前关心的问题。

在表 7－8 中，第一列表示课程序号，第二列表示课程。在这个例子中，前两行对应于 MOR142 课程的前两个单元。第三列表示时间（时间 12 可能是指星期一、星期三和星期五的 9:00）。

在表 7－9 中，第一列表示教师序号，第二列表示课程工作量范围；第三列按照表 7－8 的顺序，表示教师对每个课程的喜好（正整数）或厌恶（负整数）；第四列按照表 7－10 的顺序，表示对各个单元集合的喜好；最后一列是针对表 7－11 中对子的喜好。

表 7-8　时间表

序　号	课程编号	课程时间	序　号	课程编号	课程时间
0	0	12	12	6	13
1	0	19	13	6	4
2	1	11	14	6	1
3	1	12	6	3	2
4	2	11	7	3	7
5	3	16	8	4	17
6	3	2	9	5	1
7	3	7	10	5	20
8	4	17	11	5	20
9	5	1	12	6	13
10	5	20	13	6	4
11	5	20	14	6	1

表 7-9　每名教师的首选项列表

序　号	工作量	课程权重	集合权重	对子权重
0	{2;3}	{0;2;0;0;0;0;−4}	{0;0;7;−5;−6;0}	{0;0}
1	{2;2}	{0;3;2;0;0;10;0}	{0;0;0;8;4;9}	{0;8}
2	{1;3}	{2;−2;2;0;8;−2;2}	{0;0;0;0;0;9}	{0;0}
3	{1;2}	{3;0;0;0;9;−2;−4}	{0;7;9;0;0;0}	{0;0}
4	{2;2}	{0;−10;1;0;0;0;−6}	{0;−1;3;10;−6;0}	{0;−7}

表 7-10 列出了与每个首选项集对应的部分。

表 7-10　首选项集列表

序　号	组　合	序　号	组　合
0	{0;7;8;9;11;14}	3	{1;3;6;8;13;14}
1	{0;1;2;7;9;11;12}	4	{1;4;5;7;10}
2	{0;2;5;6;10;11}	5	{0;2;5;7;8;11;12}

最后，表 7－11 列出了优化后所选项对的部分。

表 7－11　优化后所选项对列表

序　号	选项对
0	{(3 7);(9 12);(10 14)}
1	{(10 11);(11 13);(11 14)}

7.3.1　构建模型

我们将分阶段描述模型。

7.3.1.1　决策变量

在这个问题中我们需要决定的是将哪一位教师分配给哪一个单元。所以，现在我们知道，决策变量可以是由教师集合 I 和单元集合 S 进行索引的一个二元变量：

$$x_{i,j} \in \{0,1\} \quad \forall i \in I; \forall j \in S$$

式中，$x_{13,61}=1$ 表示将序号为 61 的单元分配给序号为 13 的教师。

我们很可能需要大量的辅助变量才能构建一个可读的模型。我们从约束条件着手，并按照需要引入辅助变量。

7.3.1.2　约　束

每个单元最多需要分配一名教师。

$$\sum_i x_{i,j} \leqslant 1 \quad \forall j \in S$$

每名教师必须分配特定范围内的多门课程，假定课程范围是$[L_i, U_i]$。

$$L_i \leqslant \sum_i x_{i,j} \leqslant U_i \quad \forall j \in I$$

现在轮到“非分身术约束”，即每一名教师在每次上课时间最多只能上一门课。假定上课时间集合为 T，则有

$$\sum_{j:T_j=t} x_{ij} \leqslant 1 \quad \forall j \in T$$

式中，T_j 是单元 j 的上课时间。

7.3.1.3　目　标

目标是最大化所有教师的喜好权重。我们把目标分解为三个项，分别是教师 i 针对课程 c 的权重（$\mathrm{wc}_{i,c}$），针对喜好集合 s 的权重（$\mathrm{ws}_{i,s}$），针对喜好 p 的权重（$\mathrm{wp}_{i,p}$）.。

对于课程，问题就比较简单。按照课程单元序号 c，将单元集合 S 分割为子集 S_c，则课程喜好权重的贡献是

$$\mathrm{WC} = \sum_{c \in C} \sum_{i \in I} \mathrm{wc}_{i,c} \sum_{j \in S_c} x_{i,j} \tag{7.8}$$

同理，也很容易得出集合喜好权重的贡献。我们需要将每个单元集合的成员的指示变量与该单元与教师的对应关系的指示变量相乘；将乘积针对所有单元连续求和；再将连续求和结果与教师对集合设置的权重相乘；再将乘积对所有喜好集合和教师连续求和。

$$\mathrm{WR} = \sum_{s \in S} \sum_{i \in I} \mathrm{ws}_{i,s} \sum_{j \in R_s} x_{i,j} \tag{7.9}$$

式中，R_s 是表 7-10 的最后一列。

现在轮到更有趣的对子权重。我们来看一个具体例子。假定序号为 4 的对子表示连续上课，其包括单元 2 和单元 5。而且，教师 13 对该连续对子的权重值为－15。如果我们将单元 2 和单元 5 分配给教师 13，那么需要给目标值加上－15。所以我们需要给“将单元 2 和单元 5 分配给教师 13”提供一个指示变量。我们称这个指示变量为 $z_{13,4}$。从模型中我们知道，$x_{13,2}$ 和 $x_{13,5}$ 都将为 1。当且仅当二者都是 1 的时候，我们应该如何设置 $z_{13,4}$ 呢？通过如下方式：

$$x_{13,2} + x_{13,5} - 1 \leqslant z_{13,4}$$

$$z_{13,4} \leqslant x_{13,2}$$

$$z_{13,4} \leqslant x_{13,5}$$

当两个 x 都为 1 时，第一个不等式使得 z 值提高。当任何一个 x 为 0 时，最后两个不等式都将 z 值降低到 0。

现在，总的来说，假定对子集合 P_p 是表 7-11 最后一列的内容，则有

$$x_{i,s_1} + x_{i,s_2} - 1 \leqslant z_{i,p} i \in I, (s_1, s_2) \in P_p \tag{7.10}$$

$$x_{i,s_1} \geqslant z_{i,p} \tag{7.11}$$

$$x_{i,s_2} \geqslant z_{i,p} \tag{7.12}$$

还有一种替代方法，即通过我们在非凸问题相关技巧一节开发的方法，我们还可以使用 reify 高级约束来实施：

$$x_{i,s_1} + x_{i,s_2} \geqslant 2 \Leftrightarrow z_{i,p} = 1$$

现在，我们可以将权重与指示变量进行乘积，针对所有教师和所有喜好对子连续求和：

$$\mathrm{WP} = \sum_p \sum_i z_{i,p} \mathrm{wp}_{i,p} \tag{7.13}$$

我们得到完整的目标函数：

$$\max(\mathrm{WC} + \mathrm{WS} + \mathrm{WP})$$

7.3.1.4 可执行模型

我们将所得结果转换为可执行模型，见程序清单 7-15。

程序清单 7-15 人员调度模型(staff_scheduling.py)

```
1   def solve_model(S,I,R,P):
2       s = newSolver('StaffuScheduling',True)
3       nbS,nbI,nbSets,nbPairs = len(S),len(I),len(R),len(P)
4       nbC,nbT = S[-1][1] + 1,1 + max(e[2] for e in S)
5       x = [[s.IntVar(0,1,'') for _ in range(nbS)] for _ in range(nbI)]
6       z = [[[s.IntVar(0,1,'') for _ in range(len(P[p][1]))] \
7               for p in range(nbPairs)] for _ in range(nbI)]
8       for j in range(nbS):
9           k_out_of_n(s,1,[x[i][j] for i in range(nbI)],' <= ')
10      for i in range(nbI):
11          s.Add(sum(x[i][j] for j in range(nbS)) >= I[i][1][0])
12          s.Add(sum(x[i][j] for j in range(nbS)) <= I[i][1][1])
```

```
13          for t in range(nbT):
14              k_out_of_n(s,1,
15                  [x[i][j] for j in range(nbS) if S[j][2] == t],' <= ')
16      WC = sum(x[i][j] * I[i][2][c] for i in range(nbI) \
17          for j in range(nbS) for c in range(nbC) if S[j][1] == c)
18      WR = sum(I[i][3][r] * sum(x[i][j] for j in R[r][1]) \
19          for r in range(nbSets) for i in range(nbI))
20      for i in range(nbI):
21          for p in range(nbPairs):
22              if I[i][4][p] ! = 0:
23                  for k in range(len(P[p][1])):
24                      xip1k0,xip1k1 = x[i][P[p][1][k][0]],x[i][P[p][1]
                        [k][1]]
25                      reify(s,[1,1],[xip1k0,xip1k1],2,z[i][p][k],' >= ')
26      WP = sum(z[i][p][k] * I[i][4][p] for i in range(nbI) \
27                      for p in range(nbPairs) for k in range(len(P[p]
28                      [1])) \if I[i][4][p] ! = 0)
29      s.Maximize(WC + WR + WP)
30      rc,xs = s.Solve(),ss_ret(x,z,nbI,nbSets,nbS,nbPairs,I,S,R,P)
31      return rc,SolVal(x),xs,ObjVal(s)
```

函数 solve _model 以表 7 - 8 中的形式接收集合 S 中的单元数据；以表 7 - 9 中的形式接收集合 I 中的教师数据；以表 7 - 10 中的形式接收集合 R 中的喜好集合数据，以表 7 - 11 中的形式接收集合 P 中的喜好对子数据。

第 5 行决策变量 x 被宣告为以单元和教师序号为索引参数的一个二维数组。

在第 6 行，如果我们将其中一个喜好对子分配给教师，则以教师序号、喜好对子序号和同一个喜好对子内单元序号对子为索引参数的辅助变量 z 就可以确定。

第 8 行的循环确保每个单元最多有一名教师。在这里我们假定单元数比教师人数多。

第 13 行是关于上课时间集合的子循环，确保同一时间同一教师不会出现在两个地方上课。

第 10 行的循环是一条可用性约束，确保每名教师指导其应该指导的课程数。

这时，我们只需要计算其中两个目标项：第 17 行的加权课程喜好和第 19 行的加权集合喜好。具体见公式(7.8)和公式(7.9)。

要在第 28 行实施公式(7.13)，我们需要连续循环所有教师、所有对子集合，以及所有对子(第 20 行的三个循环)，并具体化分配给一名教师的单元对。当且仅当教师对该对子设定非零权重时，我们才这样做。如果目标函数产生的净效应为零，则没有必要再添加这样复杂的约束。

程序清单 7-16　人员安排有意义的解

```
1   def ss_ret(x,z,nbI,nbSets,nbS,nbPairs,I,S,R,P):
2       xs = []
3       for i in range(nbI):
4           xs.append([i,[[j,(I[i][2][S[j][1]],\
5               sum(I[i][3][r] for r in range(nbSets) if j in R[r][1]),
6               sum(SolVal(z[i][p][k]) * I[i][4][p]/2
7                   for p in range(nbPairs) for k in range(len(P[p][1]))
8                       if j in P[p][1][k]))] for j in range(nbS) \
9                       if SolVal(x[i][j])>0]])
10      return xs
```

解决了这个问题之后，我们对这个解做进一步处理，使得返回给调用者的是程序清单 7-16 构造的有意义答案：以教师为索引参数的一个列表，包含分配给该教师的所有单元。为了确认其正确性，参与这次分配的三个权重见表 7-12。针对触发喜好对权重的两个单元，将喜好对权重分割为两个部分来参与最优值。这些信息有助于用户了解优化模型的性能。

表 7-12　人员安排的最优解

Instructor	Section:(WC WR WP)		
0	2:(2 7 0)	5:(0 1 0)	10:(0 1 0)
1	11:(10 9 4)	14:(0 8 4)	

续表 7 - 12

Instructor	Section:(WC WR WP)		
2	7:(0 9 0)	8:(8 9 0)	12:(2 9 0)
3	0:(3 16 0)	1:(3 7 0)	
4	6:(0 13 0)	13:(−6 10 0)	

7.3.2　变化量

在不改变上文模型整体结构的情况下，还可以有许多变化和附加约束。

- 通常在一个学院内，并非所有的教师都有资格教授所有的课程。可以给每个"教师-课程"对绑定一个"合格"布尔型数据以防止某些分配。只要将该课程所有单元对应的决策变量设置为零，就可以轻松实现这一目标。
- 学院可能会有一项政策，要求教师的子集中，比如终身教授，无论喜好如何，每学期必须教授一门低年级课程。通过 n 中选 k（k-out-of-n）类型的约束即可实现这一目标。
- 对于有大量课时的特定课程，学院可能希望至少有一名终身教授教一部分，其他部分由兼职教授来上。同样，这也是一个有恰当集合的 k-out-of-n 类型约束。

7.4　赛事时间表问题

说到赛事时间表，我指的是为一支联盟设计一个比赛时间安排表。即使您不关心观赏性体育比赛，也请您继续阅读下去。因为这类问题既有趣又有难度,而且能让我们进入迷人、复杂的 relaxation tightening(松弛-张紧)领域。这种松弛-张紧法也可用于解决其他复杂问题。

我们试图解决的一般性问题是:联盟有大量不同级别,每个级别有特定数量的球队。联盟会规定一个完整赛季中的比赛次数,使得每支球队必须与同一级别和每个其他级别的每支球队都相遇;并且规定每支球队要参加的最多比赛次数。表 7-13 给出了一个简单的例子。Intra 参数是每支球队与同一级别每个其他球队相遇的次数。Inter 参数是每支球队与其他级别的每支球队相遇的次数。G/W 是每支球队每个星期的比赛次数。Weeks 是该赛季的周数。

表 7-13　赛事时间表数据示例

(Intra Inter G/W Weeks)	{2;1;1;19}
Division 0 teams	{0;1;2;3;4;5;6}
Division 1 teams	{7;8;9;10;11;12;13}

7.4.1　构建模型

我们将分阶段描述模型。

7.4.1.1　决策变量

这个模型的最终结果是什么?可以显示相关信息的比赛日程表。比如,告诉我们,在第 5 周,第 1&3 支球队、第 2&8 支球队等会互相对抗(像这样,针对该赛季每周的安排)。我们如何编码这些信息呢?有个可能的选择是采用三维二元变量 $x_{i,j,w}$,其中 i 和 j 是球队索引($i<j$),而 w 是周索引。比如 $x_{2,5,13}$表示第 2 和第 5 支球队在第 13 周相遇。

读者是否被这种方法的低效性所震撼?的确!

不过,它的好处在于其中一些约束非常易于表达。如果这个模型奏效,问题就解决了。反之,我们可以再努力尝试。现在,让我们来进一步研究这个问题。

7.4.1.2　约　束

第一个约束:针对每个级别,我们有固定数量(比如 n_A)的级别内球队(比如 T_d 支球队)比赛,即约束条件为

$$\sum_w x_{i,j,w} = n_A \quad \forall i \in T_d; \forall j \in T_d; i < j; \forall d \in D$$

级别间约束与之类似。对于比赛数目 n_R,存在如下约束条件:

$$\sum_w x_{i,j,w} = n_R \quad \forall i \in T_d; \forall j \in T_e; \forall d \in D; \forall e \in D; d < e$$

一支球队每周的比赛次数实际是一个上限。设想一种简单的边界情况:一个有三支球队的级别,每周一次比赛。其中一支球队可能无法比赛。因此,我们需要一个不等式。对于比赛数目 n_G,约束条件为

$$\sum_{i<j} x_{i,j,w} + \sum_{j<i} x_{j,i,w} \leqslant n_G \quad \forall i \in T; \forall w \in W$$

要注意这两个求和。因为我们固定球队 i,所以必须关注它与其他球队(序号比 i 大和比 i 小的球队)的比赛。

7.4.1.3　目　标

这个问题复杂得甚至难以获得可行解范围。此外,可能的目标函数很可能因联盟不同而差异巨大。为了说明这一点,假定我们想要尽可能将级别内比赛安排到赛季最后,也就是,越晚越好。

我们考虑同一级别的两支球队 i 和 j。如果它们在第 w 周相逢,那么变量 $x_{i,j,w}$ 将是1。如何根据“越晚越好”的准则给它设置权重呢?我们可以给它乘以 w。这样则产生如下目标函数:

$$\sum_{w \in W} \sum_{dinD} \sum_{i \in T_d} \sum_{j \in T_d | i<j} w x_{i,j,w}$$

但是,这个目标函数有时候性能很差。在我们看来,能将级别内比赛安排在赛季末的所有解都是好的。不过,也没有必要认为最后一周就比倒数

第二周更好。所以，我们计算完成级别内比赛所需的周数。针对一个级别内的 n_A 场比赛和 $|T_d|$ 支球队，以及最多比赛数量 n_G，我们得到需要 n_w 周，即

$$n_w = \frac{|T_d| n_A}{n_G}$$

所以，如果是针对最后 n_w 周内开展的级别内比赛，我们赋值 1；否则，赋值 0。这样我们就能得到目标函数：

$$\sum_{w=|W|-n_w}^{|W|} \sum_{d \in D} \sum_{i \in T_d} \sum_{j \in T_d | i<j} x_{i,j,w}$$

通常这个目标函数性能会更好。[①] 但需注意，对所需周数的计算不总是正确，它可能刚好等于赛季总周数，但是依然符合我们的目标。

7.4.1.4 可执行模型

让我们把所得结果转换为可执行模型。这个模型会接受一个级别列表，每个级别包含自己的球队。如果所有级别的球队个数都一样，模型就会简单很多；但是，实情况永远不是这样的。

这个模型还接受一个参数列表：级别内比赛数量 nbIntra、级别间比赛数量 nbInter、一个球队每周的比赛数量 nbPerWeek（必须是一个最大值，而不是严格的约束），以及该赛季周数 nbWeeks。详见程序清单 7－17。

程序清单 7－17 赛事时间表模型（sports timetabling. py）

```
1   def solve_model(Teams,params):
2       (nbIntra,nbInter,nbPerWeek,nbWeeks) = params
3       nbTeams = sum([1 for sub in Teams for e in sub])
4       nbDiv,Cal = len(Teams),[]
5       s = newSolver('Sportsuschedule', True)
6       x = [[[s.IntVar(0,1,'') if i<j else None
7           for _ in range(nbWeeks)]
8           for j in range(nbTeams)] for i in range(nbTeams - 1)]
```

① 对于有理论头脑的人来说，原始-对偶缺口更小，最优性检测更容易。

```
9   for Div in Teams:
10      for i in Div:
11          for j in Div:
12              if i<j:
13              s.Add(sum(x[i][j][w] for w in range(nbWeeks)) == nbIntra)
14      for d in range(nbDiv - 1):
15          for e in range(d + 1,nbDiv):
16              for i in Teams[d]:
17                  for j in Teams[e]:
18                      s.Add(sum(x[i][j][w] for w in range(nbWeeks)) ==
                        nbInter)
19      for w in range(nbWeeks):
20      for i in range(nbTeams):
21              s.Add(sum(x[i][j][w] for j in range(nbTeams) if i<j) +
22                  sum(x[j][i][w] for j in range(nbTeams) if j<i )\
23                  <= nbPerWeek)
24      Value = [x[i][j][w] for Div in Teams for i in Div for j in Div \
25          for w in range(nbWeeks - len(Div) * nbIntra//nbPerWeek,nbWeeks) \
26          if i<j]
27      s.Maximize(sum(Value))
28      rc = s.Solve()
29      if rc == 0:
30          Cal = [[(i,j) \
31              for i in range(nbTeams - 1) for j in range(i + 1,nbTeams)\
32              if SolVal(x[i][j][w])>0] for w in range(nbWeeks)]
33      return rc,ObjVal(s),Cal
```

第7行宣告我们的决策变量。可以看出是一个三维列表(列表的列表的列表)。第一维的数量小于球队数,因为我们只考虑 i vs j 的比赛,其中 $i < j$。第二维的数量等于球队数,但是注意有一半的列表项(对角线以下)是永远不会用到的,所以我们将它们设置为 None 类型。第三维是周数。

第9行开始设置级别内比赛数量的循环。我们首先对每个级别,然后对该级别内的每个球队对子(i,j)进行循环,考虑到 $i < j$ 的条件,我们只用上三角部分。

类似地，对于在第 14 行开始的循环，我们首先对每个级别，然后对具有较大序数的每个级别，接着对从这两个级别中分别选取的一支球队组成的对子进行循环。

最后，在求解之后，我们对这个解做进一步处理，使得返回给调用者的是按照周序号排列的有意义的比赛列表结果。这个实例的结果见表 7－14。

表 7－14　赛事时间表问题的最优解

周序号	比赛						
0	0 vs 12	1 vs 11	2 vs 7	3 vs 13	4 vs 9	5 vs 8	6 vs 10
1	0 vs 9	1 vs 10	2 vs 13	3 vs 11	4 vs 8	5 vs 12	6 vs 7
2	0 vs 11	1 vs 12	2 vs 8	3 vs 7	4 vs 13	5 vs 10	6 vs 9
3	0 vs 13	1 vs 7	2 vs 10	3 vs 9	4 vs 12	5 vs 11	6 vs 8
4	0 vs 8	1 vs 13	2 vs 9	3 vs 12	4 vs 10	5 vs 7	6 vs 11
5	0 vs 2	1 vs 4	3 vs 5	6 vs 13	7 vs 12	8 vs 10	9 vs 11
6	0 vs 3	1 vs 4	2 vs 6	5 vs 9	7 vs 13	8 vs 11	10 vs 12
7	0 vs 4	1 vs 8	2 vs 3	5 vs 6	7 vs 13	9 vs 10	11 vs 12
8	0 vs 1	2 vs 12	3 vs 6	4 vs 5	7 vs 8	9 vs 11	10 vs 13
9	0 vs 5	1 vs 6	2 vs 4	3 vs 10	7 vs 11	8 vs 12	9 vs 13
10	0 vs 6	1 vs 3	2 vs 5	4 vs 11	7 vs 10	8 vs 13	9 vs 12
11	0 vs 1	2 vs 6	3 vs 4	5 vs 13	7 vs 11	8 vs 12	9 vs 10
12	0 vs 2	1 vs 5	3 vs 8	4 vs 6	7 vs 9	10 vs 11	12 vs 13
13	0 vs 6	1 vs 9	2 vs 3	4 vs 5	7 vs 12	8 vs 11	10 vs 13
14	0 vs 5	1 vs 6	2 vs 11	3 vs 4	7 vs 10	8 vs 13	9 vs 12
15	0 vs 4	1 vs 3	2 vs 5	6 vs 12	7 vs 9	8 vs 10	11 vs 13
16	0 vs 7	1 vs 2	3 vs 5	4 vs 6	8 vs 9	10 vs 11	12 vs 13
17	0 vs 3	1 vs 2	4 vs 7	5 vs 6	8 vs 9	10 vs 12	11 vs 13
18	0 vs 10	1 vs 5	2 vs 4	3 vs 6	7 vs 8	9 vs 13	11 vs 12

这种方法对于小实例管用，但是无法很好地应用于大规模情况，读者可以尝试使用较大的实例来验证这一点（如果尝试职业联盟的规模，请准备好

等待较长时间进行计算求解)。这个问题源自通过整数规划解释器寻找最优解时,模型可行解空间和所用方法之间的相互作用。解释器通常会这样来解决这个问题:固定模型中一些参数,然后让这些参数采用分数解从而求解其他参数;迭代多次。针对我们的模型,这种松弛法相当的弱。我不打算深入探讨原因。但是接下来您会知道,一旦发现解释器速度很慢,就会想如何去改善它。解决的关键是我们可以轻松添加更多约束。

假设有这样一个实例,每周有一场比赛,接着考虑有三支球队的情况,比如 i、j、k。如果在执行过程中的某些点上允许决策变量为分数解,那么对于给定周 w,可能会发生最优解满足如下条件的情况:

$$x_{i,j,w}=\frac{1}{2}x_{i,k,w}=\frac{1}{2}x_{j,k,w}=\frac{1}{2}$$

可以看出这个解是在“每支球队每周有一场比赛”的约束条件下被允许的,因为

$$x_{i,j,w}+x_{i,k,w}=1$$

$$x_{i,j,w}+x_{j,k,w}=1$$

$$x_{i,k,w}+x_{j,k,w}=1$$

但是我们知道这不是一个有效解,因为这三个变量的和不能超过1。如果 i 和 j 相遇,那么 k 就不能与二者中的任何一个相遇;同理,球队对子(i,k)和(j,k)也是这样。因此,既然每周只有一场比赛,我们可以对每周 w 的球队 i、j、k 的每个三元组添加一条约束,即

$$x_{i,j,w}+x_{i,k,w}+x_{j,k,w}\leqslant 1$$

可以看到,如果变量是整数,这条约束就是冗余的。然而,它是一个有效的约束,对于出现在解释器内部的分数值有用。我们还可以考虑四支甚至五支球队元组以及每周比赛数量为两场或三场的情况。表7-15给出了球队数量和每周比赛数量都比较少时的上下边界。其中很多边界永远不会被分数解所违反,所以它们对我们不太有帮助。

表 7-15 决策变量元组最小和的界

球队数量	每周比赛数	总和的界
3	1	1
	2	3
4	1	2
	2	4
	3	6
5	1	2
	2	5
	3	7
	4	9

这些附加约束的数量增长得很快。因此，这种方法会给模型增加许多约束。如果这样做导致解释器慢得令人无法接受，那么还有一种替代方法。它就是我们用来解决旅行商问题时采用的“只添加我们需要的约束”。通过解决松弛问题，寻找违反边界的元组，添加所找到的元组，我们可以达到控制增加约束数量这个目的。程序清单 7-18 正是为此目的而编写。这个例子说明我们如何轻松地给一个用 OR-Tools 编写的模型增加松弛-紧缩约束。

程序清单 7-18 额外削减的赛事时间

```
1   def solve_model_big(Teams,params):
2       (nbIntra,nbInter,nbPerWeek,nbWeeks) = params
3       nbTeams = sum([1 for sub in Teams for e in sub])
4       nbDiv,cuts = len(Teams),[]
5       for iter in range(2):
6           s = newSolver('Sportsuschedule', False)
7           x = [[[s.NumVar(0,1,'') if i<j else None
8               for _ in range(nbWeeks)]
9               for j in range(nbTeams)] for i in range (nbTeams - 1)]
10      basic_model(s,Teams,nbTeams,nbWeeks,nbPerWeek,nbIntra,\
```

```
11              nbDiv,nbInter,cuts,x)
12    rc = s.Solve()
13    bounds = {(3,1):1, (4,1):2, (5,1):2, (5,3):7}
14    if nbPerWeek <= 3:
15        for w in range(nbWeeks):
16            for i in range(nbTeams - 2):
17                for j in range(i + 1,nbTeams - 1):
18                    for k in range(j + 1,nbTeams):
19                        b = bounds.get((3,nbPerWeek),1000)
20                        if sum([SolVal(x[p[0]][p[1]][w]) \
21                                for p in pairs([i,j,k],[])])>b:
22                        cuts.append([[i,j,k],[w,b]])
23                        for l in range(k + 1,nbTeams):
24                            b = bounds.get((4,nbPerWeek),1000)
25                            if sum([SolVal(x[p[0]][p[1]][w]) \
26                                for p in pairs([i,j,k,l],[])])>b:
27                            cuts.append([[i,j,k,l],[w,b]])
28                            for m in range(l + 1, nbTeams):
29                                b = bounds.get((5,nbPerWeek),1000)
30                                if sum([SolVal(x[p[0]][p[1]][w]) \
31                                    for p in pairs([i,j,k,l,m],[])])>b:
32                                cuts.append([[i,j,k,l,m],[w,b]])
33        else:
34        break
35    s = newSolver('Sportsuschedule', True)
36    x = [[[s.IntVar(0,1,'') if i<j else None
37        for _ in range(nbWeeks)]
38        for j in range(nbTeams)] for i in range(nbTeams - 1)]
39    basic_model(s,Teams,nbTeams,nbWeeks,nbPerWeek,nbIntra,\
40                nbDiv,nbInter,cuts,x)
41    rc,Cal = s.Solve(),[]
42    if rc == 0:
43        Cal = [[(i,j) \
44            for i in range(nbTeams - 1) for j in range(i + 1,nbTeams)\
45            if SolVal(x[i][j][w])>0] for w in range(nbWeeks)]
46    return rc,ObjVal(s),Cal
```

这段代码从第 5 行开始有一个会运行具体次数的循环，来求解有分数解的模型。第 11 行实际上将程序清单 7－17 中的所有约束（增加了 cut 参数），连同循环内的分数变量和最后循环结束后的整数变量打包在一个步骤中，因为我们需要多次用到它。每次求解之后，我们要考虑球队元组，看它们的决策变量之和是否超过了预设的边界；如果超出边界，需要将它们的序号，连同对应的周和边界添加到切割列表中。

最后，我们在第 35 行创建了一个整数解释器实例，将之前找到的所有切割添加进去，然后真正进行求解。程序清单 7－19 给出了添加剪切的例程。

程序清单 7－19　剪切添加例程

```
1   for t,w in cuts:
2       s.Add(s.Sum(x[p[0]][p[1]][w[0]] for p in pairs(t,[])) <= w[1])
```

其中，pair 函数从有序元组 t 生成所有有序对子。接下来，请参见程序清单 7－20。

程序清单 7－20　生成有序对子

```
1   def pairs(tuple, accum = []):
2       if len(tuple) == 0:
3           return accum
4       else:
5           accum.extend((tuple[0],e) for e in tuple[1:])
6           return pairs(tuple[1:],accum)
```

我要强调一点，在 TSP 问题中，模型若要有效必须添加子回路消除约束；但是，我们向当前模型添加的约束并不是必需的，只是为了保证解释器选择正确的方向，加速求解过程。所以，对有些解释器，这些约束大有裨益。但对于其他一些解释器，这些约束可能会降低整个过程的速度。如果对一个特定解释器的内部工作机制没有深入的了解，几乎无法预测这些增加的约束条件对运行时间的影响。所以说，如果建模者理解这种松弛-紧缩技术，就可以很容易将这种技术用在难以控制的特定模型-解释器组合上。

7.4.2 变化量

这个模型可以有多种变化,比如,一些会影响目标函数(或者说,由软约束处理),一些是硬约束,一些可能二者兼有。

- 为了实现在指定周内进行指定比赛的目标,可能会需要一个对子列表(周、球队、球队)。
- 可能会要求我们遵循一种特体的模式,比如 Intra-Intra-Inter,而不是试图将级别内比赛都安排在赛季末。
- 可能会要求我们分散(或者聚集)球队对子之间的多场比赛。
- 可能会要求我们按照具体日期而不是按周安排比赛。
- 可能会要求我们添加主场和客场比赛的概念,但前提是主场比赛的数量是固定的。
- 可能还会有遵循主客场比赛的模式。甚至在已知球队所在城市的条件下,为了获得"合理"的旅行计划,考虑主客场比赛模式的要求(这里说的是,在已经非常复杂的时间安排问题之外又增加了多层 TSP 问题！心脏脆弱者慎入!)。

7.5 谜题问题

约束编程中有一个长久以来的传统,就是求解谜题,主要因为它有趣,当然也有教育意义。利用整数规划求解谜题的做法不常见,但如果问题比较难的话,用整数规划求解也会富有趣味性和教育性。我们不能被困难吓倒。读完本节以后,您就可以利用在谜题和思维训练问题中建模的技巧来求解“真实”问题。

7.5.1 伪象棋问题

作为预热活动，我们先考虑一个大小为 n 的正方形国际象棋棋盘，我们希望在棋盘上放尽可能多的车，同时使得车之间不互吃。[①]

需要回答的问题是：如何放置这些车才能避免它们互吃？因此，答案一定是由车占据的位置构成的一个集合。因为棋盘是正方形的，显而易见，决策变量构造是一个二维二元变量数组。因此，

$$x_{i,j} \quad \forall i \in \{0,1,\cdots,n-1\}, \forall j \in \{0,1,\cdots,n-1\}$$

式中，如果 $x_{2,5}$ 是 1，那么就会有一个车在位置(2,5)上。

目标函数很简单，因为我们想要放置尽可能多的车，所以可以将决策变量求和，即

$$\sum_i \sum_j x_{i,j}$$

现在，什么样的约束才能防止一个车吃另一个车呢？那就是，车不能攻击同一列或同一行的任何棋子。因此，我们需要做到每列和每行最多只能有一个车。这是我们很熟悉的 n 中取 1(one-out-of-n)约束，实施方式如下：

$$\sum_i x_{i,j} \leqslant 1 \quad \forall j \in \{0,1,\cdots,n-1\}$$

$$\sum_j x_{i,j} \leqslant 1 \quad \forall i \in \{0,1,\cdots,n-1\}$$

目前，我们已经获得所有需要的条件。让我们将它们转换为可执行代码。主要工作由 k_out_of_n 例程(n 中取 k)方法实现，但还需要借助两个效用函数：一个用来提取指定行的所有行变量，一个用来提取指定列的所有列变量。程序清单 7-21 给出了这两个效用函数。

---

① 不管距离有多远，一辆车可以攻击同一列或同一行的任何一块。

程序清单 7－21　列和行提取实用程序(puzzle.py)

```
1   def get_row(x,i):
2       return [x[i][j] for j in range(len(x[0]))]
3   def get_column(x,i):
4       return [x[j][i] for j in range(len(x[0]))]
```

主模型为每个棋盘位置创建了一个变量,然后强制要求每一行和每一列最多有一个非零变量。目标函数将所有变量求和,代码返回一个由空格和 R 构成的二维表。其中 R 表示最优解情况下车的位置。

在大小为 8 的棋盘上运行程序清单 7－22 可得到表 7－16 所列的解。同样这种方法能很轻松地求解大小为 128 的棋盘。

程序清单 7－22　Maxrook 模型(puzzle.py)

```
1   def solve_maxrook(n):
2       s = newSolver('Maxrook',True)
3       x = [[s.IntVar(0,1,'') for _ in range(n)] for _ in range(n)]
4       for i in range(n):
5           k_out_of_n(s,1,get_row(x,i),'<=')
6           k_out_of_n(s,1,get_column(x,i),'<=')
7       Count = s.Sum(x[i][j] for i in range(n) for j in range(n))
8       s.Maximize(Count)
9       rc = s.Solve()
10      y = [[['u','R'][int(SolVal(x[i][j]))]\
11          for j in range(n)] for i in range(n)]
12      return rc,y
```

接着,我们要讨论稍微复杂一点的问题,就是著名的 N-Queens(N 皇后)问题。N 皇后问题和上面的车不互吃问题本质是一样的,只不过这次用皇后替代车。与车不互吃问题不同的是,皇后可沿着对角线、行和列行走。我们只需要命名对角线,并创建一个函数来提取对角线。为了让问题更有趣,我们将车一般化为棋盘上的任意一种棋子,从而将“最多车”问题一般化为“最多棋子”问题。见程序清单 7－23。

表 7-16　Maxrook 难题的最优解

	1	2	3	4	5	6	7	8
1		R						
2						R		
3								R
4							R	
5					R			
6			R					
7				R				
8	R							

程序清单 7-23　对角抽取辅助函数(puzzle.py)

```
1   def get_se(x,i,j,n):
2       return [x[i+k % n][j+k % n] for k in range(n-i-j)]
3   def get_ne(x,i,j,n):
4       return [x[i-k % n][j+k % n] for k in range(i+1-j)]
```

我们可以将东南(到西北)方向的对角线命名为 SE,或者将东北(到西南)方向的对角线命名为 NE。程序清单 7-23 给出了提取对应变量 get_se and get_ne 的两个效用函数。

主模型见程序清单 7-24。我们可以对大小为参数 n 的棋盘调用这个模型。棋子可以是皇后、车、主教,分别由第二个参数 Q、R、B 代表。表 7-17 以归一化方式给出了不同大小实例的运行时间,其中 $n=2$ 的时间设定为 1。表 7-18 给出了 N 皇后和最大主教的最优解。但是,不要太信赖这些值,因为它们依赖于具体解释器。尽管如此,从这些值中我们可以看出,这个模型的确没有出现纯组合解释器可能遭遇的指数级计算量增长的情况。

程序清单 7-24　Maxpiece 通用模型(puzzle.py)

```
1   def solve_maxpiece(n,p):
2       s = newSolver('Maxpiece',True)
3       x = [[s.IntVar(0,1,'') for _ in range(n)] for _ in range(n)]
4       for i in range(n):
5           if p in ['R' ,'Q']:
6               k_out_of_n(s,1,get_row(x,i),'<=')
7               k_out_of_n(s,1,get_column(x,i),'<=')
8           if p in ['B', 'Q']:
9               for j in range(n):
10                  if i in [0,n-1] or j in [0,n-1]:
11                      k_out_of_n(s,1,get_ne(x,i,j,n),'<=')
12                      k_out_of_n(s,1,get_se(x,i,j,n),'<=')
13      Count = s.Sum(x[i][j] for i in range(n) for j in range(n))
14      s.Maximize(Count)
15      rc = s.Solve()
16      y=[[['u',p]\
17          [int(SolVal(x[i][j]))] for j in range(n)] for i in range(n)]
18      return rc,y
```

表 7-17　增加棋盘尺寸后的运行时间

8	1
16	3
32	9
64	43
128	169
256	870
512	6 318

表 7－18　N-Queens 和 Max Bishops 的最优解

	1	2	3	4	5	6	7	8		1	2	3	4	5	6	7	8
1				Q					1			B	B			B	
2								Q	2	B							
3	Q								3								B
4					Q				4								B
5							Q		5	B							
6		Q							6	B							
7						Q			7								B
8			Q						8	B	B			B	B		B

因为棋盘上每个被占据的位置描述的都是一个位置集合，因此变量及其求和都必须是 1。所以，可以将这个问题一般化到棋盘上的任何一种棋子。

从上述示例解中，可以发现两个明显问题：我们能得到所有解吗？我们能得到“有趣”的解吗？我们暂时将第一个问题放在一边，先考虑第二个问题。什么才算有趣的解？也许是有一定对称性的解。我们可以尝试最大化或最小化棋子之间的距离之和，然后看看会发生什么。请读者自行实施这些变更。我们现在要告别伪象棋问题。

7.5.2　数独谜题

数独谜题是这样的：在一个给定的 9×9 网格里，部分网格中已填写了 1～9 之间的数字，玩家需要填完其余网格，使得：

- 每一行都包含所有数字：1～9。
- 每一列都包含所有数字：1～9。
- 每个 3×3 的不相交子网格都包含所有数字：1～9。

我们可以通过明确针对每个网格位置所填写的数字来表达这个解。所以就有这样一个简单的决策变量：

$$x_{i,j} \in \{1,\cdots,9\} \quad \forall i \in [1,2,3], \forall j \in [1,2,3]$$

约束条件很有趣。每个约束条件的形式都是“在给定的由 9 个位置构成的集合中，必须出现从 1～9 的所有数字”。在约束编程中，可通过单一函数调用（通常命名为 all_different）来满足这一要求。我们将为数独创建一个简化的等效约束，并在下一个益智游戏中进行改善。

对每个变量 $x_{i,j}$，我们将创建一个长度为 9 的二元变量数组 v_k^{ij}。其中每个变量都有一个值为 k 的指示变量。因此，我们添加如下约束：

$$x_{i,j} = v_1^{ij} + 2v_2^{ij} + 3v_3^{ij} + \cdots + 8v_8^{ij} + 9v_9^{ij} \tag{7.14}$$

接着，针对集合成员必须各不相同的每个变量集合 S，我们要确保对应的指示变量求和为 1。

这是一个可行性问题，所以无需目标函数。我们来创建一个可执行模型。我们给前面定义过的 get_row and get_column 添加一个 get_subgrid。见程序清单 7-25。

程序清单 7-25　数独的一些辅助函数(puzzle.py)

```
1   def get_subgrid(x,i,j):
2       return [x[k][l] for k in range(i * 3,i * 3 + 3)\
3                    for l in range(j * 3,j * 3 + 3)]
4       def all_diff(s,x):
5           for k in range(1,len(x[0])):
6               s.Add(sum([e[k] for e in x]) <= 1)
```

程序清单 7-26 中实施的模型可接受的数据网格是：通过数字或者 None 类型来表示必须填写的位置。这个模型中的大部分工作是在从第 3 行到第 14 行的循环中创建一个整洁的决策变量集合，即一个三维数组，它的索引是前两维在网格上的位置。在第三维索引为 0 的位置是真正的决策变量，这个值成立则网格就会成立（要么因为它是数据，要么在求解过程结束之后），1～9 的每个其他索引也使得对应指示变量成立。创建变量之后，我们在第 9 行加入等式(7.14)作为值约束条件。

变量宣告之后，我们调用每行、每列和每个子网格的 all_diff 函数。这是一个简化的 k_out_of_n 函数，因为每个值都在 1～9 之间。

程序清单 7-26　数独模型(puzzle.py)

```
1   def solve_sudoku(G):
2       s,n,x = newSolver('Sudoku',True),len(G),[]
3       for i in range(n):
4           row = []
5           for j in range(n):
6               if G[i][j] == None:
7                   v = [s.IntVar(1,n + 1,'')] + [s.IntVar(0,1,'')\
8                                            for _ in range(n)]
9                   s.Add(v[0] == sum(k * v[k] for k in range(1,n + 1)))
10              else:
11                  v = [G[i][j]] + [0 if k! = G[i][j] else 1\
12                                    for k in range(1,n + 1)]
13              row.append(v)
14          x.append(row)
15      for i in range(n):
16          all_diff(s,get_row(x,i))
17          all_diff(s,get_column(x,i))
18      for i in range(3):
19          for j in range(3):
20              all_diff(s,get_subgrid(x,i,j))
21      rc = s.Solve()
22      return rc,[[SolVal(x[i][j][0]) for j in range(n)]\
23                  for i in range(n)]
```

最后，我们返回网格值，而不是约 800 个指示变量。表 7-19 给出一个例子。其中数据为黑体格式。

7.5.3　算式谜题：Send More Money!

约束编程领域有一个著名的算式谜：从 0～9 选择 7 个数字分别替代 S、

E、N、D、M、O、R、Y 中的每一个字母，保证如下求和结果正确：

```
SEND + MORE = MONEY
```

这个谜题中有两个高级约束。第一个是算术型约束：我们需要保持方程成立。我们可以将每个整数分解为它的位值。SEND 是一个 4 位数字(假定十进制)，所以它实际上是

```
S*1000 + E*100 + N*10 + D*1
```

可以采用同样的方式来处理 MORE 和 MONEY。这样，我们就能保证方程成立。

第二个约束是每个字母对应不同的数字。all-different 约束满足这种要求，所以我们可以将伪象棋模型相关内容一般化处理。这样我们就可以在任何模型中调用 all_different 函数。我们的技巧依赖于每个变量都有一个相互关联的指示变量数组，每个指示变量表示一种可能的整数值。因此，除了需要对之前定义的约束进行简单的一般化处理外，我们还需要一个变量创建例程。这就是程序清单 7-27 newIntVar 的目的。

程序清单 7-27　不同的结构和约束(puzzle.py)

```
1   def newIntVar(s, lb, ub):
2       l = ub - lb + 1
3       x = [s.IntVar(lb, ub, '')] + [s.IntVar(0,1,'') for _ in range(l)]
4       s.Add(1 == sum( x[k] for k in range(1,l + 1)))
5       s.Add(x[0] == sum((lb + k - 1) * x[k] for k in range(1,l + 1)))
6       return x
7   def all_different(s,x):
8       lb = min(int(e[0].Lb()) for e in x)
9       ub = max(int(e[0].Ub()) for e in x)
10      for v in range(lb,ub + 1):
11          all = []
12          for e in x:
13              if e[0].Lb() <= v <= e[0].Ub():
14                  all.append(e[1 + v - int(e[0].Lb())])
```

```
15            s.Add(sum(all) <= 1)
16    def neq(s,x,value):
17        s.Add(x[1 + value - int(x[0].Lb())] == 0)
```

我们注意到,尽管没有明示,但是对 S 和 M 存在一个附加假设:如果 SEND 和 MONEY 是真正的 4 位数,MONEY 是真正的 5 位数,则 S 和 M 不能取 0。因此,我们需要约束它们为非零。为实施 all_different 所选的数据结构允许我们巧妙地创建一个如程序清单 7-27 中函数 neq 的不等式,这并非巧合。

具备这些条件以后,就可以求解这个谜题了。实施过程见程序清单 7-28。谜题答案见表 7-20。

程序清单 7-28　Send More Money(puzzle.py)

```
1   def solve_smm():
2       s = newSolver('Sendumoreumoney',True)
3       ALL = [S,E,N,D,M,O,R,Y] = [newIntVar(s,0,9) for k in range(8)]
4       s.Add( 1000 * S[0] + 100 * E[0] + 10 * N[0] + D[0]
5           +  1000 * M[0] + 100 * O[0] + 10 * R[0] + E[0]
6           == 10000 * M[0] + 1000 * O[0] + 100 * N[0] + 10 * E[0] + Y[0])
7       all_different(s,ALL)
8       neq(s,S,0)
9       neq(s,M,0)
10      rc = s.Solve()
11      return rc,SolVal([a[0] for a in ALL])
```

读者可以验证这个方程是成立的(9 567 + 1 085 = 10 652)。

表 7-20　Send More Money 谜题答案

S	E	N	D	M	O	R	Y
9	5	6	7	1	0	8	2

7.5.4　逻辑谜题：Ladies and Tigers

雷德蒙·斯穆里安在《Lidies and Tigers》一书[①]中提出了大量逻辑谜题。其中一章是这样结尾的：

一名罪犯面前有9扇门，他必须打开其中一扇。一扇门后面有一名美女，其他门后面要么是老虎，要么什么都没有。可以假定罪犯最希望进入有美女的房间，其次是空房间，最不希望进入的是虎穴。这个问题之所以成为一个逻辑谜题是因为：在每扇门上都贴着一句逻辑命题（因此，命题可真可假）。前提条件是，有老虎的房间门上的命题是假的。美女房间门上的命题是真的。

第1扇门：美女位于奇数号房间。

第2扇门：这个房间是空的。

第3扇门：牌子5是正确的，或者牌子7是正确的。

第4扇门：牌子1是错误的。

第5扇门：牌子2是对的，或者牌子4是对的。

第6扇门：牌子3是错误的。

第7扇门：美女不在1号房间。

第8扇门：这个房间有一只老虎，9号房间是空的。

第9扇门：这个房间有一只老虎，牌子6是错误的。

美女在哪个房间？

要知道美女所在的房间，我们也许需要知道老虎在哪个房间。因此，在给定房间集合 $R=\{1,2,\cdots,9\}$ 和集合 $B=\{1,2,3\}$（其中1代表空，2代表美女，3代表老虎）的前提下，合理的决策变量是

---

① Raymond M Smullyan. The Lady or the Tiger, and Other Logic Puzzles. Mineola, New York: Dover Publications, 2009.

$$r_i \in B \quad \forall i \in R$$

这样 $r_5 = 2$ 就表示美女在 5 号房间，$r_4 = 3$ 就表示老虎在 3 号房间。如果我们用 newIntVar 函数宣告变量，就很容易求解美女在奇数号房间这个命题。指示变量的关联数组就是最完美的工具。为了便于展示，我们假定针对每个 r_i 变量，有一个指示变量数组 $r_{i,j}$，其中 $j \in B$。

现在进入逻辑部分。我们知道命题可能为真，也可能为假，因此它们的真假值将会影响约束条件。如果为每个命题引入一个二元变量，那么就可以使用具体化逻辑将变量与每个约束关联起来。因此，我们引入：

$$s_i \in \{0,1\} \quad \forall i \in R$$

使得 $s_2 = 1$ 意味着第 2 扇门上的命题是真的。

可执行模型见程序清单 7－29。我们将每次分解一个约束条件。

程序清单 7－29　Lady or Tiger 逻辑谜题模型(puzzle.py)

```
1   def solve_lady_or_tiger():
2       s = newSolver('Ladyuorutiger', True)
3       Rooms = range(1,10)
4       R = [None] + [newIntVar(s,0,2) for _ in Rooms]
5       S = [None] + [s.IntVar(0,1,") for _ in Rooms]
6       i_empty,i_lady,i_tiger = 1,2,3
7       k_out_of_n(s,1,[R[i][i_lady] for i in Rooms])
8       for i in Rooms:
9           reify_force(s,[1],[R[i][i_tiger]],0,S[i],' <= ')
10          reify_raise(s,[1],[R[i][i_lady]],1,S[i],' >= ')
11      v = [1] * 5
12      reify(s,v,[R[i][i_lady] for i in range(1,10,2)],1,S[1],' >= ')
13      reify(s,[1],[R[2][i_empty]],1,S[2],' >= ')
14      reify(s,[1,-1],[S[5],S[7]],0,S[3],' >= ')
15      reify(s,[1],[S[1]],0,S[4],' <= ')
16      reify(s,[1,1],[S[2],S[4]],1,S[5],' >= ')
17      reify(s,[1],[S[3]],0,S[6],' <= ')
18      reify(s,[1],[R[1][i_lady]],0,S[7],' <= ')
19      reify(s,[1,1],[R[8][i_tiger],R[9][i_empty]],2,S[8],' >= ')
20      reify(s,[1,-1],[R[9][i_tiger],S[6]],1,S[9],' >= ')
```

```
21        rc = s.Solve()
22        return rc,[SolVal(S[i]) for i in Rooms],\
23            [SolVal(R[i]) for i in Rooms]
```

在第 3 行我们定义了表示每扇门的整数数值的范围。因为在这个问题中,房间号是从 1 号开始的,所以我们采用常用的重编号做法,用 0~8 来表示 1~9 号房间。为了从 1 号门开始索引,所以我们在第 4 和第 5 行创建了决策变量数组,其中第一个元素包含 None 数据。接着,我们在第 6 行定义了几个常量来存取每个房间的指示变量。

在第 7 行,我们确保只有一名美女。

所有其他约束条件都涉及一个声明变量 S 和一个逻辑命题之间的一种关系,reify 函数在这里大有用处。

第一个约束是:如果一个房间里有老虎,那么这个房间门上的命题就是假的。声明"如果房间 i 里有一只老虎,那么命题 i 就是假的"会把我们引入歧途。我们可以写一个新的但是更容易使用逆命题的函数,并声明"如果命题 i 为真,则房间 i 内没有老虎"。这是强制执行约束条件的布尔值为真的一个实例。第 9 行实施了这个约束条件。

第二个约束是:有美女的房间门上的命题为真。这符合我们的要求:如果该约束条件被满足,则提高布尔值。第 10 行实施了这个约束条件。

"美女位于奇数号房间"这个命题比较简单。我们需要将奇数号房间的 i_lady 指示变量求和,然后当且仅当命题 1 为真时,将这个求和值设定为超过 1。在第 12 行,通过 range(1,10,2)获得奇数号房间的索引,并将下面的不等式具体化为 S[1]。

```
R[1][i_lady] + R[3][i_lady] + R[5][i_lady] + R[7][i_lady] + R[9][i_lady] >= 1
```

在第 12 行被提到 S [1]。

在第 13 行,"这个房间是空的"是

```
R[2][i_empty] >= 1
```

到 S[2]的简单具体化。读者可能会问为什么不用等式，而用不等式呢？原因在于：我们知道，在写了约束 reify 之后，等式会更加复杂，会引入更多辅助约束或变量。如果我们确定不等式就足以实现我们的目的，当然优先使用不等式。

“牌子 5 是正确的，或者牌子 7 是正确的”是一个二元变量的“或”关系，只是稍微难度加大了一点，因为后半部分是个否命题。如果我们知道如何否定布尔型数据和实施“或”关系，将上述逻辑命题转换为代数命题就很容易。我们经常看到“或””关系。比如，将 $x_1 \vee \cdots x_n$ 实施成$\sum x_i \geqslant 1$。用$1-x_i$ 替换 x_i 就可以得到 x_i 的否命题。因此，在我们的例子中，我们需要将

```
S[5] + (1 - S[7]) >= 1
```

简化为

```
S[5] - S[7] >= 0
```

在第 14 行具体化为 S[3]。“牌子 1 是错误的”是 S[1]==0，在第 15 行具体化为 S[4]。“牌子 3 是错误的”在第 17 行业做同样处理。

“牌子 2 或牌子 4 是正确的”是一个简单的“或”关系，所以使用常规的“和”转换，在第 16 行被具体化为 S[5]。

“美女不在 1 号房间”需要将第 18 行的参数

```
R[1][i_lady] <= 0
```

具体化为 S[7]。

“这个房间有一只老虎，9 号房间是空的”很有趣。其子命题为

```
R[8][i_tiger] >= 1
```

和

```
R[9][i_empty] >= 1
```

通过将右侧和左侧分别求和可处理这个“和”关系，从而有

```
R[8][i_tiger] + R[9][i_empty] >= 2
```

在第19行具体化为S[8]。

最后,“这个房间有一只老虎,牌子6是错误的”包含

```
R[9][i_tiger] >= 1
```

和

```
S[6] <= 0
```

我们将后者转换为

```
- S[6] >= 0
```

接着,将二者求和形成“与”关系,在第20行具体化为S[9]。

只要我们能找到一个解,比如表7-21的第一个解,就是完成了任务。但是否存在其他解呢?如果是,如何找到它们?在本实例中,情况比较简单,因为我们的唯一真正目标是找到美女。我们的第一个解为美女在1号房间,所以我们可以简单地增加一条约束,防止美女在1号房间,比如

```
s.Add(R[1][i_lady] == 0)
```

我们会得到另一个存在的解,否则解释器会指出该问题不可行。如果需要,我们可以持续这个过程,直到穷尽所有解为止。表7-21的第二个解就是满足这种条件的另一个解。(有趣的是,如果我们加上“8号房间不是空的”这样一个约束条件,那么第二个解是唯一解。)

表7-21　Lady or Tiger 逻辑谜题的两种解答

1	The lady is in an odd-numbered room.	T	Lady	T	
2	This room is empty.	T		F	Tiger
3	Either sign 5 is right or sign 7 is wrong.	T		F	
4	Sign 1 is wrong.	F		F	
5	Either sign 2 or sign 4 is right.	T		F	

续表 7-21

6	Sign 3 is wrong.	F		T	
7	The lady is not in room 1.	F		T	Lady
8	This room contains a tiger and room 9 is empty.	F		F	Tiger
9	This room contains a tiger and sign 6 is wrong.	F		F	Tiger

7.6 Python 中优化工具 MPSolver 快速参考

这里的参考资料肯定不完全，但是对于本书所描述的所有模型已经足够了。其中还描述了用于简化模型编写的 wrapper 函数。

要使用线性规划和整数规划解释器，模型必须从程序清单 7-30 开始。

程序清单 7-30　库声明

```
from linear_solver import pywraplp
```

解释器实例由程序清单 7-31 中的代码创建。

程序清单 7-31　创建 OR-Tools 解释器实例

```
s = pywraplp.Solver(NAME,pywraplp.Solver.TYPE)
```

s 是返回的解释器，NAME 是任何字符串，TYPE 是下列之一：

```
GLOP_LINEAR_PROGRAMMING                LP
CLP_LINEAR_PROGRAMMING                 LP
GLPK_LINEAR_PROGRAMMING                LP
SULUM_LINEAR_PROGRAMMING               LP
GUROBI_LINEAR_PROGRAMMING              LP
CPLEX_LINEAR_PROGRAMMING               LP
SCIP_MIXED_INTEGER_PROGRAMMING         MIP
```

```
GLPK_MIXED_INTEGER_PROGRAMMING            MIP
CBC_MIXED_INTEGER_PROGRAMMING             MIP
SULUM_MIXED_INTEGER_PROGRAMMING           MIP
GUROBI_MIXED_INTEGER_PROGRAMMING          MIP
CPLEX_MIXED_INTEGER_PROGRAMMING           MIP
BOP_INTEGER_PROGRAMMING                   IP (Binary)
```

本书中的所有模型针对线性规划问题(LP)都使用了 GLOP 解释器，针对所有混合整数规划问题(MIP)都使用了 CBC 解释器。程序清单 7-32 展示如何设置当前的包裹。

程序清单 7-32　通过包装器创建解释器实例

```
s = newSolver(NAME,[False|True])
```

可以看出，False 是默认值，返回的是线性规划解释器实例(GLOP)；为 True 时，返回的是一个混合整数规划解释器(CBC)。

对于解释器实例，我们通过程序清单 7-33 中的代码给连续变量，或者通过程序清单 7-34 中的代码给整数变量添加决策变量，其中 VAR 是返回的变量对象，NAME 是任意字符串。在一个解释器实例中，名字必须是唯一的。给定空字符串后，内部会自动生成一个唯一名字，这是一个非常棒的功能，尤其针对在一个解释器实例中会重复使用的例程。名字范围下限可由 LOW、任何数字或-solver. infinity()描述，上限可由 HIGH、任何大于 LOW 的数字或 solver. infinity()描述。尽可能限制这个范围是一个很好的经验法则。

程序清单 7-33　通过 OR-Tools 声明连续决策变量

```
var = s.NumVar(LOW,HIGH,NAME)
```

程序清单 7-34　通过 OR-Tools 声明整数决策变量

```
VAR = s.IntVar(LOW,HIGH,NAME)
```

最简单的创建决策变量的方法如程序清单 7-35 所示。

程序清单 7-35　决策变量数组声明示例

```
x = [s.NumVar(LOW,HIGH,'') for _ in range(N)]
```

需要注意的是，N 是数组中所需元素的个数。当然，数组是从零开始索引的。这与多维数组类似。例如，程序清单 7-36 中的代码创建了一个$M \times N$ 的阵列。

程序清单 7-36　决策变量二维数组声明示例

```
m =[[s.NumVar(LOW,HIGH,'') for _ in range(N)] for _ in range(M)]
```

在符合约束条件下，声明变量。最简单的约束声明如程序清单 7-37 所示。

程序清单 7-37　通过 OR-Tools 声明生成约束

```
s.Add(REL)
```

注意，REL 几乎是使用决策变量、数字、算术运算符（+、−、×、/）以及相等和不等关系的线性关系。有关示例参见程序清单 7-38。

程序清单 7-38　OR-Tools 中的简单代数约束

```
s.Add(2 * x[12] + 30 * x[13] <= 100)
s.Add(25 == x[100] - x[101])
s.Add(x[99] >= x[100])
```

不要使用严格的不等式。对于连续变量，这并没有意义；对于整数变量，可以通过添加一来把它们变为非严格不等式。还要记住，我们决不能使用决策变量的乘积。

一个很有帮助的函数 sum，如程序清单 7-39 所示。

程序清单 7-39　OR-Tools 中的求和运算符

```
s.Sum(LIST)
```

这里的 LIST 是决策变量的列表（或元组）。例如，可以如程序清单 7-40

所示来使用。

程序清单 7-40 OR-Tools 中的求和示例

```
s.Add(s.Sum(x) <= 100)
Add(s.Sum(m[i][j] for i in range(M) for j in range(N)) <= 100)
```

除了约束之外,模型通常具有程序清单 7-41 所示的一种形式的目标函数。

程序清单 7-41 OR-Tools 中的目标函数声明

```
s.Maximize(EXPR)
s.Minimize(EXPR)
```

这里 EXPR 是决策变量中的线性代数表达式。

要调用所创建模型上的解释器,参见程序清单 7-42。

程序清单 7-42 OR-Tools 中的解释器调用

```
rc = s.Solve()
```

这里 rc 是返回值,如果一切正常,则为 0。它也可以是以下之一:

OPTIMAL

FEASIBLE

INFEASIBLE

UNBOUNDED

ABNORMAL

NOT_SOLVED

因此,如果为了显得更加严谨,应该对照这些定义的常量检查返回值,但是 Google 的程序员遵循了几十年的传统,如果一切正常,则返回零。

在求解之后,通过程序清单 7-43 中的代码得到最优值和最优解。

程序清单 7-43 最优值和最优解

```
value = s.Objective().Value()
varval = var.SolutionValue()
```

它们被封装在程序清单 7 - 44 所示的 helper 函数中。

程序清单 7 - 44　包装函数的最优值及其解

```
value = ObjVal(s)
xval = SolVal(x)
```

返回变量 xcal 将具有与参数 x 相同的维数。

此外,包装库提供了程序清单 7 - 45 所示的更高级别的约束。

程序清单 7 - 45　更高级别的约束

```
l = k_out_of_n(s,k,x,rel='==')
l = sosn(solver,k,x,rel=' <= ')
delta = reify_force(s,a,x,b,delta=None,rel=' <= ',bnds=None)
delta = reify_raise(s,a,x,b,delta=None,rel=' <= ',bnds=None,eps=1)
delta = reify(s,a,x,b,d=None,rel=' <= ',bnds=None,eps=1)
```

其中,

- k_out_of_n 向解释器 s 中添加必要的约束,以便使列表 x 中允许最少或最多(取决于 rel)k(正整数)变量为非零。它返回一个与 x 相同长度的二进制变量数组。
- sosn 向解释器 s 中添加必要的约束,以便于列表 x 中允许的更加精确的最少或最多(取决于 rel)k 个相邻变量为非零。它返回一个与 x 相同长度的二进制变量数组。
- reify_force 向解释器 s 中添加必要的约束,从而当 d(二进制整数变量)为 1 时使得 $\sum a_i x_i \approx b$(关系由 rel 决定)。最后一个变量不需要再调用 reify_force 之前声明。无论是否在内部创建,都将有返回值。
- reify_raise 实现与 reify_force 相反的功能。
- reify 调用 force 和 raise 来实现 if 和 only if 条件。

除此之外,它还提供了辅助功能。

接下来是程序清单 7 - 46。

程序清单 7 - 46　边界提取

```
bounds_on_box(a,x,b)
```

这里的 bounds_on_box 在变量 x 的域中找到 $\sum a_i x_i - b$ 的最小值和最大值。

最后一个约束是 all_different,如程序清单 7 - 47 所示。

程序清单 7 - 47　All_different 声明

```
all_different(s,x)
```

这里 s 是解释器,x 是整型的决策变量集合。它们都应该有上限和下限。它将使得所有决策变量的值不同。